普通高等教育土木与交通类“十三五”规划教材

土力学实验教程

主　编　丁九龙
副主编　贾亚军　陈　涛　陈　伟
主　审　党发宁

·北京·

内 容 提 要

本书根据普通高等学校土木、交通、水利等有关专业的土力学及岩土工程测试技术等课程的教学大纲编写而成，介绍了土力学实验基础技术、模型实验与现场检测技术及电子化数据处理方法。全书分两篇，上篇为土力学基础实验，主要介绍常规土工试验方法及数据处理，下篇为土力学应用开放性实验，选取接近于生产实践的模型实验、现场检测实验项目及实验数据的电子化处理。

本书可作为土木工程、交通工程、水利水电工程、矿业工程等有关专业土力学、岩土测试技术及基础工程等课程的实验教学用书，也可以作为从事岩土工程勘察、土工实验与检测的生产、教学和科技人员的参考书。

图书在版编目（CIP）数据

土力学实验教程 / 丁九龙主编. -- 北京 : 中国水利水电出版社, 2019.5（2021.9重印）
普通高等教育土木与交通类“十三五”规划教材
ISBN 978-7-5170-7677-3

Ⅰ. ①土… Ⅱ. ①丁… Ⅲ. ①土力学－实验－高等学校－教材 Ⅳ. ①TU4-33

中国版本图书馆CIP数据核字(2019)第092848号

书　　名	普通高等教育土木与交通类“十三五”规划教材 **土力学实验教程** TULIXUE SHIYAN JIAOCHENG
作　　者	主　编　丁九龙 副主编　贾亚军　陈　涛　陈　伟 主　审　党发宁
出版发行	中国水利水电出版社 （北京市海淀区玉渊潭南路1号D座　100038） 网址：www.waterpub.com.cn E-mail：sales@waterpub.com.cn 电话：(010) 68367658（营销中心）
经　　售	北京科水图书销售中心（零售） 电话：(010) 88383994、63202643、68545874 全国各地新华书店和相关出版物销售网点
排　　版	中国水利水电出版社微机排版中心
印　　刷	北京印匠彩色印刷有限公司
规　　格	184mm×260mm　16开本　13.5印张　324千字
版　　次	2019年5月第1版　2021年9月第2次印刷
印　　数	2001—5000册
定　　价	**39.00**元

前言

QIANYAN

本书针对普通高等学校土木与交通类专业的土力学及岩土测试技术等课程的教学大纲而编写。土力学是土木、交通、水利等相关专业的重要基础课程，同时是一门实践性很强的工程学科，实践教学是培养学生动手能力及创新能力的主要途径，为了适应学科发展及社会发展对人才的要求，我们组织编写了《土力学实验教程》。

为了培养学生行业标准意识，本书的编写过程充分参照国家及行业相关规范，如《土工试验方法标准》（GB/T 50123—2019）、《公路土工试验规程》（JTG E40—2007），系统地介绍了常规土力学实验的原理、仪器设备、实验方法及步骤、成果整理和分析等。同时为了结合岩土工程测试的发展，增加了模型实验及现代实验检测技术内容，为学生将来进行科研及生产实践奠定岩土力学测试基础。

本书主要与《土力学》及《岩土工程测试技术》等课程教材配套使用，是学生必备的实验用书，为学生毕业后从事土工实验打下坚实基础。本书共分两篇。上篇为土力学基础实验，分别介绍了土力学实验试样的制备和饱和、密度实验、含水率实验、土粒相对密实度、界限含水率实验、砂的相对密实度实验、颗粒分析实验、击实实验、渗透实验、固结实验、抗剪强度实验与土的动三轴实验等。下篇为土力学应用开放性实验，包括模型实验的相似理论及岩土常见模型实验、专项岩土工程监测、检测实验及土工实验计算机数据处理等现代岩土实验技术方法。为了培养学生规范完成实验，另附有实验报告。

本书由西安理工大学丁九龙担任主编，党发宁主审，编写主要分工如下：第 2 章由贾亚军编写，第 3 章由陈涛编写，第 13 章由陈伟编写。前言、第 1 章、第 4 章至第 12 章及实验报告书由丁九龙编写；全书由丁九龙统稿。

本书的编写过程中参考、选用了现行相关规范中的部分内容及许多兄弟院校的相关教材，引用了一些实验内容，在此表示衷心的感谢。

由于时间仓促、编者水平有限，书中难免存在不妥之处，恳请各位读者批评指正，并将相关意见发送至 jiulong_ding@126.com，以便日后修改完善。

编者

2018 年 12 月

MULU

目录

下篇　土力学应用开放性实验

上篇

土力学基础实验

第1章 土力学实验基础

1.1 土力学实验的任务与意义

土木工程中，大部分建筑物所传递的荷载由地基土支承。因此，土体是土木工程中应用最为广泛的建筑材料或者介质之一。土是地表岩石经长期风化、搬运和沉积作用，逐渐破碎成细小矿物颗粒和岩石碎屑，是各种矿物颗粒的松散集合体。相对于岩体，其历史年代较短，决定了其表现出散体性、多孔性、多样性及易变性。

土工实验是针对土的性质的复杂性对其物理性质指标（如密度、相对密度、含水率）、力学性质指标（如压缩系数、压缩模量、抗剪强度指标）、渗透性指标（如渗透系数）及动力性质指标（如动模量、阻尼比）等的实验工作，从而为土木工程设计和施工提供可靠的参数。土力学实验是土力学课程的重要组成部分，是正确评价建筑场地地质条件的重要依据。

土力学实验是土力学中的基本内容，土力学的研究和土工实践从来不能脱离土工实验工作，它是人们认识土的性质以及完善理论和计算方法的重要途径。在整个土木工程特别是岩土工程实践中，土工实验、理论计算及施工检验三者是相辅相成的。土工实验是土力学及基础工程学科教学的重要内容之一，也是岩土工程勘察及推动土力学学科发展的重要手段之一。土力学中的重要定律如达西定律、摩尔—库伦准则及太沙基原理无一不是从实验的基础上建立起来的。因此，土力学实验推动着土力学研究及生产实践的发展。

1.2 土力学实验项目

根据高等学校土木工程本科指导性专业规范及土木工程专业培养方案，土力学实验大致分为土力学基础实验和土力学开放性实验。土力学基础实验主要为对土力学中基本物理性质及力学性质的验证类实验，土力学开放性实验是为打破各章节的限制，根据现有的条件开设土力学的综合应用型实验项目。通过该类实验项目的训练，使学生初步掌握土力学中基本原理的应用。实验项目见表1.1，教师可根据各专业方向的教学要求，从中选取若干个实验项目进行教学实践。通过实验，使学生掌握土力学基本规律及其力学性质，培养学生的综合应用能力和创新能力，为学生进一步深造奠定基础，学生可根据学校开设相关选修课程进行自由选择。

表1.1　　土力学实验项目表

序号	实验名称	内容提要	实验结果应用	实验类型	能力要求
1	土样采集制备	野外采取原状土样、制备与饱和	原状土样采集与制备	验证	掌握常用土样采集制备与饱和方法
2	土的基本物理实验	环刀切取土样测密度、土含水率及相对密度的实验方法，学会使用电热干燥箱等仪器的操作	计算湿密度、含水率、相对密度等土样基本物理指标	验证	掌握烘干法测含水率、环刀法测密度、比重瓶法测相对密度的方法
3	颗粒分析实验	筛分法及密度计法对土样进行级配分析，求取不均匀系数、曲率系数及级配曲线的应用	进行土的工程分类、命名及其工程应用	验证	掌握颗粒分析实验的计算、结果分析、绘图及工程应用能力
4	界限含水率	黏性土液限、塑限测定，塑性指数、液性指数及其用途	判断土的干湿状态并分类命名	验证	掌握黏性土的液限、塑限联合测定方法并判断其物理状态
5	砂的相对密度	天然土体的相对密度	砂的相对密度确定方法、抗震设计与施工	验证	掌握砂最大、最小干密度确定方法及应用
6	击实实验	黏性土击实曲线，最大干密度与最优含水量	地基土压实度质量检测	验证	掌握土击实特性，了解击实特性的影响因素
7	渗透实验	粗粒与细粒土渗透系数的测定方法	渗透系数及其工程防渗应用	验证	掌握渗透系数的室内常用测定方法
8	压缩实验	测定土的孔隙比与压力关系曲线，确定压缩系数与压缩模量测定	计算土的压缩指标及沉降控制	验证	掌握压缩指标测定、分析方法，土的变形特性
9	直接剪切实验	土抗剪强度指标测定与应用	地基、边坡稳定性等抗剪强度参数的选取及应用	综合	掌握用直剪仪测定土的内摩擦角和黏聚力
10	三轴压缩实验	土黏聚力与内摩擦角、摩尔—库伦强度包线、土体应力—应变关系	地基、边坡、坝基等稳定性分析技术及参数选取	综合	掌握三轴实验方法及不同条件下参数的应用
11	土动力特性实验	动三轴仪测定土的动弹性模量、阻尼比及动强度（内摩擦角和黏聚力）及其用途	土工抗震设计与施工	综合	掌握动模量、阻尼比及动孔压等液化指标的测定
12	综合模型实验	相似比的选定及挡土墙、边坡与地基承载力模型实验设计及量测	挡土墙模型及边坡模型的破坏形式及地基承载力测定	综合	掌握常见挡土墙应力形式及地基破坏形式的规律及防治应用
13	岩土检测实验	路基、桩基及隧道现场检测	路基、桩基及隧道现场检测的常用检测方法、原理及数据处理	综合	掌握路基、桩基及隧道现场检测在模型实验中的实现及数据处理方法

1.3　土样的采集与制备

1.3.1　土样采集影响因素

土样的采集和制备是实验工作的第一重要控制因素，是实验成果可靠性的重要保证。土样实验前必须经过制备程序，扰动土样的制备包括土的风干、碾散、过筛、匀土、分样和储存等制备程序及击实、饱和等实验过程。原状土样包括开启、切取等。这些步骤的正确与否，都将直接影响实验结果的准确度。

土样的采集一般要求具有代表性，但是由于自然和人为因素而产生不均一性（如地形的起伏及沉积环境的不同），以及拟建场地内在不同地点及深部范围内存在不同类型的土体，如堤坝拟在建场地为在湖泊沉积相而堆积的土体，湖心及深部一般为黏土或者细砂而边缘和浅部一般为粒径相对较粗的砂土。因此，为了使所取土样具有代表性，应在不同部位及深度根据工程建设控制不同的勘探点及钻孔深度。人工因素主要为采集人员的熟练程度、选取计量衡器的精度及采集工具的合理性等。

1.3.2　土样采集方法

土样是从土场、地基各部位取出的代表样品。根据实际工程需要，可取原状土样或扰动土样。如果测定天然土基的性质则需取原状土样，即其天然结构未遭破坏，并具有天然含水量的土样。扰动土样指结构破坏了的土样，凡是填方工程如土坝、土堤、土围堰等可取扰动土样。取样的大小和数量根据各部分土在总量中的比例按权数确定。采样的土样需注明采取日期、土层部位、采土人员，并进行土样编号。

1. 原状土的采取

工程中一般有浅层和深层两种办法。浅层取样是在天然地面、地基的探坑、平洞内采取。操作方法如图 1.1 所示。首先，在土上画一个直径大于 15cm 的圆，将圆以外的土削去，做成一个高 30cm 的土柱，并将取土筒套在土柱上；其次，将土柱齐根切断，修平地面，盖上镀锌铁皮盖，再用浸好熔化石蜡的纱布条缠封缝隙，在布条上浇上熔化的石蜡以保持土样的天然状态和含水量。深层原状土样的采取是在钻孔内利用取土器进行。

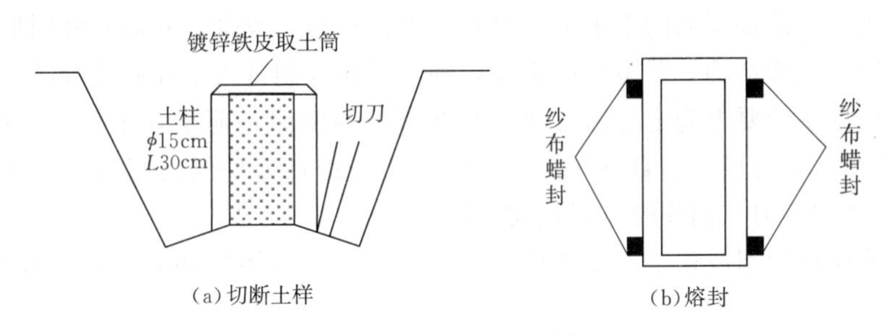

图 1.1　浅层原状土取样法

2. 扰动土的采取

扰动土的采取是在有代表的地点和土层中挖去 50～100kg 的土装箱，并密封运至实验室备用。

1.3.3　土样的制备

1. 概述

试样的制备是获得正确实验成果的前提，为保证实验成果的可靠性以及实验数据的可比性，应具备统一的试样制备方法和程序。

关于土样的相关专有名称在此进行相关介绍。

（1）试样。能反映现场土层特性的样品称为土样。在土工实验中进行各种处理后做相关实验用的土样称为试样。

（2）原状土。天然状态下的土，其结构、密度及含水率保持天然状态，能真实反映土的天然物理力学性质的土样。

（3）扰动土。扰动土样是天然结构受到破坏或含水率有了改变，或二者兼而有之的土样。常用来测定土的粒度成分、土粒密度、塑限、液限、最优含水率、击实土的抗剪强度以及有机质和水溶盐含量等。与原状土相比，扰动土的自身结构和状态被人为改变。

（4）饱和。土的孔隙逐渐被水填充的过程称为饱和。当土中孔隙全部被水充满时，该土称为饱和土。

2. 仪器设备

试样制备所需的主要仪器设备有以下几种。

（1）分土细筛：孔径分别为 0.075mm、0.5mm、1mm、2mm 和 5mm 的细筛。

（2）台秤：称量 10～40kg，最小分度值为 5g。

（3）天平：称量 5000g、最小分度值 1g，称量 200g、最小分度值为 0.01g。

（4）不锈钢环刀：应与所需实验一致。如固结实验与直剪实验，内径 61.8mm、高 20mm；黄土湿陷性及固结实验，内径 79.8mm、高 20mm；渗透实验，内径 61.8mm、高 40mm。

（5）击样器：包括活塞、导筒和环刀。

（6）其他：切土刀、钢丝锯、碎土工具、烘箱、保湿器、喷水设备、凡士林等。

3. 试样制备

（1）原状土试样的制备步骤。

1）将土样筒按标明的上下方向放置，剥去蜡封和胶带，开启土样筒取土样。

2）检查土样结构，若土样已扰动，则不应作为制备力学性质实验的试样。

3）根据实验要求确定环刀尺寸，并在环刀内壁涂一薄层凡士林，然后刃口向下放在土样上，将环刀垂直下压，同时用切土刀沿环刀外侧切削土样，边压边削，直至土样高出环刀，制样时不得扰动土样。

4）采用钢丝锯或切土刀平整环刀两端土样，然后擦净环刀外壁，称环刀和土总质量。

5）切削试样时，应对土样的层次、气味、颜色、夹杂物、裂缝和均匀性进行描述。

6）从切削余土中取代表性试样，供含水率以及颗粒分析、界限含水率等实验之用。

7）原状土同一组试样间密度的允许差值不得大于 0.03g/cm³，含水率差值不大于 2%。

8）剩余土的处理。剩余的土样放在用保鲜膜包裹好以备用，对于切余的土样可进行物理性质实验，如相对密度、颗粒分析、界限含水率等。

9）试样的饱和与否，根据工程情况及试样本身决定。

（2）扰动土试样的制备步骤。

1）扰动土试样的备样步骤。

a. 将土样从土样筒或包装袋中取出，对土样的颜色、气味、夹杂物和土类及均匀程度进行描述，并将土样切成碎块，拌和均匀，取代表性土样测定含水率。

b. 先将土样风干或烘干，然后将风干或烘干土样放在橡皮板上用木碾碾散，对不含砂和砾的土样，可用碎土器碾散，但在使用碎土器时应注意不得将土粒破碎。

c. 将分散后的土样根据实验要求过筛。对于物理性实验土样，如测定液限、塑限等实验，需过 0.5mm 筛；对于力学性实验土样，应过 2mm 筛；对于击实实验土样，需过 5mm 筛。含细粒土的砾质土，应先用水浸泡并充分搅拌，使粗细颗粒分离后，再按不同实验项目的要求进行过筛。

2）扰动土试样的制样步骤。

a. 试样制备的数量视实验需要而定，一般应多制备 1～2 个试样以备用。

b. 将碾散的风干土样通过孔径 2mm 或 5mm 的筛，取筛下足够实验用的土样，充分拌匀，并测定风干含水率，然后装入保湿缸或塑料袋内备用。

c. 根据环刀容积及所要求的干密度，按式（1.1）计算试样制备所需的风干土质量，即

$$m_0 = \rho_d V(1 + 0.01w_0) \tag{1.1}$$

式中　m_0——制备试样所需的风干含水率时的土样质量，g；

w_0——风干含水率，%；

ρ_d——试样所要求的干密度，g/cm³；

V——试样体积，cm³。

d. 根据试样所要求的含水率，按式（1.2）计算制备试样所需的加水量，即

$$m_w = \frac{m_0}{1 + 0.01w_0} 0.01(w_1 - w_0) \tag{1.2}$$

式中　m_w——制备试样所需要的加水量，g；

w_1——试样所要求的含水率，%。

e. 称取过筛的风干土样平铺于搪瓷盘内，根据式（1.2）计算得到的加水量，用量筒量取，并将水均匀喷洒于土样上，充分拌匀后装入盛土容器内盖紧，润湿一昼夜。

f. 测定润湿土样不同位置处的含水率，不应少于两点，一组试样的含水率与要求的含水率之差不得大于±1%。

g. 扰动土试样的制备，可采用击实法、压样法和击样法。

根据工程要求，将扰动的土制备成所需的试样供湿陷、膨胀、渗透、固结及剪

切实验所用。试样的制备个数视实验需要确定，一般多制备1～2个试样备用，平行实验或者同一组实验的密度标准的差值不大于±0.1g/cm^3，含水率的差值不大于2%。试样的高度要求分别选用击实法和压样法。高度小的采用单层击实法，如高度2cm的直接剪切实验试样；高度大的（如三轴试样）采用分层击实法或者分层压样法。

i. 击实法。

·根据工程需求，选用相应的击实功进行击实。

·按试件所需的干密度、含水率制备湿土样。称量所需湿土质量精确到0.1g。采用击实仪将土样击实到所需的密度，用推土器推出，然后将环刀内壁涂一薄层凡士林，刃口向下放在土样上，将环刀垂直向下压，边压边削，直至土样伸出环刀为止，削去两端余土并修平。擦净环刀外壁，称环刀和试样总质量，准确至0.1g。

·试样应尽快制备以防水分蒸发，制备完的试样应保湿处理。

ii. 压样法。根据环刀体积和湿土样含水率与干密度的要求，称量所需要的湿土样质量，精确到0.1g，分层或者一次倒入压样模具中，采用静力恒压将土压实至预定的体积，取出环刀或者土样，计算实际密度是否符合要求，并保湿处理以备用。

iii. 击样法。采用与压样法相同的方法计算土的质量，并倒入装有环刀的击样器内，用自带的击实锤击实到所需密度，然后取出环刀或者土样。计算实际密度是否符合要求，并保湿处理以备用。

1.3.4　试样饱和

根据土样的透水性能，试样的饱和可分别采用浸水饱和法、毛细管饱和法和真空抽气饱和法3种方法。

（1）对于粗粒土，可直接在仪器内对试样采用浸水饱和法。

（2）对于渗透系数大于10^{-4}cm/s的细粒土，可采用毛细管饱和法。

（3）对于渗透系数不大于10^{-4}cm/s的细粒土，可采用真空抽气饱和法。

1. 毛细管饱和法

（1）仪器设备。

1）饱和器，如图1.2所示。

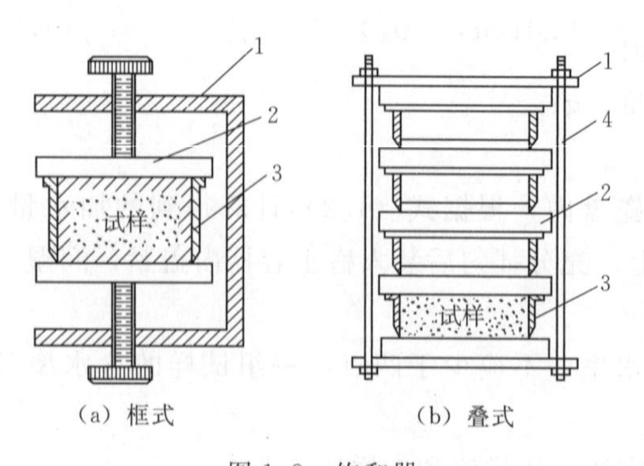

图1.2　饱和器

1—夹板；2—透水板；3—环刀；4—拉杆

2）水箱：带盖。

3）天平：精度为0.01g。

（2）操作步骤。

1）选用框式饱和器，在装有试样的环刀上、下面分别放滤纸和透水石，装入饱和器内，并通过框架两端的螺钉将透水石、环刀夹紧。

2）将装好试样的饱和器放入水箱内注入清水，水面不宜将试样淹没，以使土中气体得以排出。

3）关上箱盖，浸水时间不得少于

两昼夜，以使试样充分饱和。

4）试样饱和后，取出饱和器，松开螺母，取出环刀擦干外壁，取下试样上下的滤纸，称环刀和试样的总质量，准确至0.1g，并计算试样的饱和度。当饱和度低于95%时，应继续饱和。

2. 真空抽气饱和法

（1）仪器设备饱和装置，如图1.3所示。

1）主要仪器：真空缸、抽气机、真空测压表。

2）其他：天平、橡胶皮管、橡胶塞、水缸、凡士林等。

（2）操作步骤。

1）选用叠式或框式饱和器以及真空饱和装置。在叠式饱和器下夹板的正中依次放置透水石、滤纸、带试样的环刀、滤纸、透水石，如此顺序重复，自下向上重叠到拉杆高度，将饱和器上夹板盖好，拧紧拉杆上端的螺母，各个环刀在上、下夹板间夹紧。

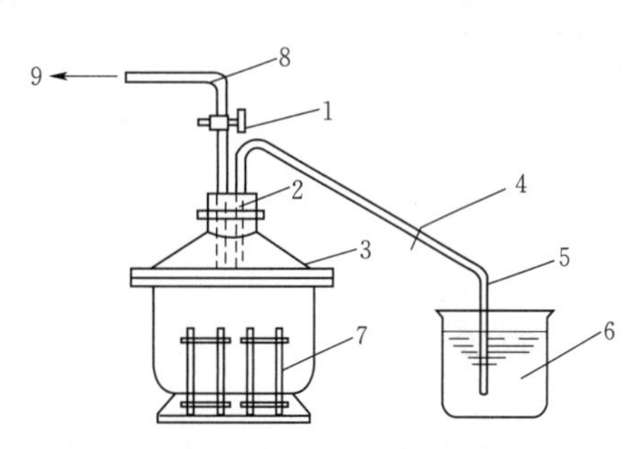

图1.3　真空饱和装置

1—二通阀；2—橡皮塞；3—真空缸；4—管夹；5—引水管；6—盛水器；7—饱和器；8—排气管；9—接抽气机

2）将装有试样的饱和器放入真空缸内，在真空缸和盖之间涂一薄层凡士林，并盖紧。

3）将真空缸与抽气机接通，启动抽气机，当真空压力表读数接近当地一个大气压力值后，继续抽气不少于1h，然后微开管夹，使清水由引水管徐徐注入真空缸内。在注水过程中微调管夹，以使真空气压力表读数基本保持不变。

4）待水淹没饱和器后，即停止抽气，打开管夹使空气进入真空缸，静置一段时间，对于细粒土，为10h左右，借助大气压力，从而使试样充分饱和。

5）打开真空缸，从饱和器内取出带环刀的试样，称环刀和试样总质量，并计算试样的饱和度，当饱和度低于95%时，应继续抽气饱和。若饱和度小于95%，应继续抽气，直到满足要求为止。

（3）饱和度计算。

试样的饱和度可按式（1.3）计算，即

$$S_r = \frac{wd_s}{e} \tag{1.3}$$

式中　S_r——试样的饱和度，%；

w——试样饱和后的含水率，%；

d_s——土粒的相对密度；

e——试样的孔隙比。

思考题

1.1　扰动土样制备方法有哪几种？并说明其主要差别。

1.2　抽气中达到饱和的标准怎么判断？

1.3　对于圆柱样为什么采用分层击实或者分层压样法完成？

第2章 土的基本物理实验

2.1 概述

土是由固体、液体和气体三相物质组成的松散体。固体由母岩风化的矿物组成，构成土体的骨架。水及其可溶盐构成土体的液体部分，空气、水蒸气及其他气体构成土体的气相部分。土的物理性质决定于这三部分所占体积或者质量的比值。反映其关系的指标为土的物理性质指标。土的物理性质是土的最基本的性质，土的力学性质由其物理性质所决定，随着土的组成不同和三相比例指标的不同，土表现出不同的物理性质，如土的干湿、轻重、松密和软硬等。而土的这些物理性质某种程度上又确定了土的工程性质。比如：松散、湿软地层，土的强度低、压缩性大；反之，强度大、地基承载力高、压缩性小；土颗粒大（无黏性土），地层的渗透性大，地基稳定性好、承载力大；土颗粒细（黏性土），则地层的渗透性小，地基稳定性差；土颗粒大小不均匀（级配好）则土在动荷载作用下，易于压实。因此，土的物理性质指标的准确测定对其工程分类及应用有着重要影响。

2.2 含水率实验

土的含水率 w 是指土在温度 105～110℃下烘干至恒量时所失去的水质量与达到恒量后干土质量的比值，以百分数表示。含水率是土的基本物理性质指标之一，它反映了土的干、湿状态。含水率的高低在一定程度上反映了土的可塑状态，与土体的强度、变形等力学性质有着密切的关系。含水率实验方法有烘干法、酒精燃烧法、比重法、碳化钙气压法、炒干法等多种方法，其中以烘干法和酒精燃烧法最为常用。其他方法可以参考相关规范。

2.2.1 烘干法

1. 实验原理

实验室内烘干法是室内测定含水率的最基本的方法，也是《土工试验规程》（SL 237—1999）和《土工试验方法标准》（GB/T 50123—1999）中最标准的一种方法。利用恒温烘箱设定 105～110℃，让土体在烘箱内烘至恒重，根据烘干前后的质量差得到土中自由水的质量，进而计算含水率。该方法适用于粗粒土、细粒土、有机质土及冻土等。

2. 仪器设备

(1) 恒温烘箱：温度可为105～110℃的自动控制电热设备。

(2) 天平：称量200g、最小分度值0.01g。

(3) 其他设备：铝制称量盒、干燥器、温度计等。

3. 操作步骤

(1) 称盒加湿土质量。称量铝盒质量并进行编号，从土样中选取具有代表性的试样15～30g (有机质土、砂类土和整体状构造冻土为50g)，放入称量盒内，立即盖上盒盖，称盒加湿土质量 m_1，准确至0.01g，则湿土质量为 m_1 减去 m_0。

(2) 烘干土样。打开盒盖，将试样和盒一起放入烘箱内，在温度105～110℃下烘至恒量。试样烘至恒量的时间，对于黏土和粉土宜烘8～10h，对于砂土宜烘6～8h。对于有机质超过干土质量5%的土，应将温度控制在65～70℃的恒温下进行烘干。

(3) 称盒加干土质量。将烘干后试样和盒从烘箱中取出，盖上盒盖，放入干燥器内冷却到室温。将试样和盒从干燥器内取出，称盒加干土质量 m_2，准确至0.01g。

4. 成果整理

按式 (2.1) 计算含水率，即

$$w=\frac{m_w}{m_s}\times 100\%=\frac{m_1-m_2}{m_2-m_0} \tag{2.1}$$

式中 w——含水率，%，精确至0.1%；

m_1——称量盒加湿土质量，g；

m_2——称量盒加干土质量，g；

m_0——称量盒质量，g。

含水量实验须进行二次平均测定，每组取两次土样测定含水量，取其算术平均值作为最后成果。两次实验的含水率规定如下：①所测土样的含水率大于40%时，两次平行实验误差不大于2%；②所测土样含水率小于40%时，两次平行实验误差不大于1%。

5. 实验记录

烘干法测含水率的实验记录见“土力学实验报告”。

2.2.2 酒精燃烧法

1. 实验原理

在室内或者现场需要快速得到含水率的情况下，适用于没有烘箱或土样较少的场合。常用的一种含水率测定方法，其原理是将试样和酒精拌和，点燃酒精，随着酒精的燃烧使试样水分蒸发。根据灼烧前后土体质量的变化得到土中水的质量，进而得出土样含水率。

2. 仪器设备

(1) 恒质量的铝制称量盒。

(2) 天平：称量200g、最小分度值0.01g。

(3) 酒精：纯度大于 95%。

(4) 其他设备：如滴管、火柴和调土刀、铝盒等。

3. 操作步骤

(1) 从土样中选取具有代表性的试样（黏性土 5～10g，砂性土 20～30g），放入称量盒内，立即盖上盒盖，称盒加湿土质量，准确至 0.01g。

(2) 打开盒盖，用滴管将酒精注入放有试样的称量盒内，直至盒中出现自由液面为止，并使酒精在试样中充分混合均匀。

(3) 将盒中酒精点燃，并烧至火焰自然熄灭。

(4) 将试样冷却数分钟后，按上述方法再重复燃烧二次，当第三次火焰熄灭后，立即盖上盒盖，称盒加干土质量，准确至 0.01g。

4. 成果整理

酒精燃烧法实验同样应对两个试样进行平行测定，其含水率计算见式 (2.1)，含水率允许平行差值与烘干法相同。酒精燃烧法测含水率的实验记录见“土力学实验报告”中实验一的表 1。

5. 注意事项

(1) 土样必须按要求烘至恒重；否则会影响测试精度。

(2) 烘干的试样应冷却后再称量，以防止热土吸收空气中的水分，避免天平受热不均影响称量精度。

(3) 烘干时间的确定。烘干时间与土的类别及取土数量有关，对于黏性土，取土 15～30g，烘干时间不少于 8h，对于砂性土不少于 6h，由于砂性土持水性较差，试件应先冷却再称量。

(4) 对于含有机质土，有机质因在烘干过程中会发生氧化，使所测含水率比实际偏低。因此，《公路土工试验规程》(JTG E40—2007) 中规定有机质含量大于 5%的土体烘干温度应采用 65～70℃。

2.3　密度实验

2.3.1　实验原理

土的密度是指土的单位体积质量，是土的基本物理性质指标之一，其单位为 g/cm³。土的密度反映了土体结构的松紧程度，是计算土的自重应力、干密度、孔隙比、孔隙度等指标的重要依据，也是挡土墙压力计算、土坡稳定性验算、地基承载力和沉降量估算以及路基路面施工填土压实度控制的重要指标之一。

2.3.2　实验方法

密度实验方法有环刀法、蜡封法、灌水法和灌砂法等。对于细粒土，宜采用环刀法；对于易碎裂、难以切削的土，可采用蜡封法；对于现场测定的细砂土及粗粒土，宜采用灌水法或灌砂法。

1. 环刀法

环刀法就是采用一定体积环刀切取土样并称土质量的方法。环刀内土的质量与环刀体积之比即为土的密度。

环刀法操作简便且准确，在室内和野外均普遍采用，但环刀法只适用于测定不含砾石颗粒的细粒土的密度。

（1）仪器设备。

1）恒质量环刀，内径 6.18cm（面积 $30cm^2$）或内径 7.98cm（面积 $50cm^2$），高 2cm，壁厚 1.5mm。

2）天平：称量 500g、最小分度值 0.01g。

3）切土刀、钢丝锯、毛玻璃和圆玻璃片等。

（2）操作步骤。

1）按工程需要取原状土或人工制备所需要求的扰动土样，其直径和高度应大于环刀的尺寸，整平两端放在玻璃板上。

2）在环刀内壁涂一薄层凡士林，将环刀的刀刃向下放在土样上面，然后用手将环刀垂直下压，边压边削，至土样上端伸出环刀为止，根据试样的软硬程度，采用钢丝锯或修土刀将两端余土削去修平，并及时在两端盖上圆玻璃片，以免水分蒸发。

3）擦净环刀外壁，拿去圆玻璃片，然后称取环刀加土质量，准确至 0.1g。

（3）成果整理。按式（2.2）或式（2.3）分别计算湿密度和干密度，即

$$\rho = \frac{m}{V} = \frac{m_2 - m_1}{V} \tag{2.2}$$

$$\rho_d = \frac{\rho}{1 + 0.01w} \tag{2.3}$$

式中 ρ——湿密度，g/cm^3，精确至 $0.01g/cm^3$；

ρ_d——干密度，g/cm^3，精确至 $0.01g/cm^3$；

m——湿土质量，g；

m_2——环刀加湿土质量，g；

m_1——环刀质量，g；

w——含水率，%；

V——环刀容积，cm^3。

环刀法实验应进行两次平行测定，两次测定的密度差值不得大于 $0.03g/cm^3$，并取其两次测值的算术平均值，结果保留两位小数。

1）制备原状土样时，环刀内壁涂一薄层凡士林，用环刀切取试样时，环刀应垂直均匀下压，以防环刀内试样的结构被扰动，同时用切土刀沿环刀外侧切削土样，用切土刀或钢丝锯整平环刀两端土样。

2）夏季室温高时，应防止水分蒸发，可用玻璃片盖住环刀上、下，但计算时应扣除玻璃片的质量。

3）需进行平行测定，要求两次差值不大于 $0.03g/cm^3$；否则应重做。结果取两次实验结果的平均值。

（4）实验记录。

密度实验记录见“土力学实验报告”中实验二中的表 1。

（5）注意事项。

1）应严格按照实验步骤用环刀取土样，不得急于求成、用力过猛或图省事而削成土柱；否则易使土样开裂扰动，结果事倍功半。

2）修平环刀两端余土时，不得在试样表面往返压抹。对软土宜先用钢丝锯将土样锯成几段，然后再用环刀切取。

2. 蜡封法

（1）实验原理。蜡封法是根据阿基米德原理测定土体体积的方法，先确定土样的质量，然后再确定土体的体积。该方法为室内实验，该方法适用于黏结性较好但易破裂或者性状不规则的坚硬土体。

（2）仪器设备。

1）天平：称量 500g，分度值 0.1g。

2）其他：切土刀、蜡、烧杯、细线、针及温度计等。

（3）操作步骤。

1）原状土切取约 $30cm^3$ 的试样，削去松浮表土及尖锐棱角后，系于细线上，放置于天平称量为 m，准确至 0.1g，取具代表性试样测定含水率。

2）持线将试样徐徐浸入刚过熔点的蜡中，待全部沉浸后，立即将试样提出。检查涂在试样四周的蜡中有无气泡存在。若有，则应用热针刺破，并涂平孔口。冷却后，称土加蜡质量为 m_1，准确至 0.01g。

3）将试样吊在天平一端，并使试样浸没于纯水中，称量为 m_2，准确至 0.01g。测记纯水温度。

4）取出试样，擦干蜡表面的水分后再称量一次，检查试样中是否有水浸入，如有水浸入应重做。

（4）成果整理。按式（2.4）和式（2.3）计算湿密度及干密度：

$$\rho = \frac{m}{\dfrac{m_1 - m_2}{\rho_{wT}} - \dfrac{m_1 - m}{\rho_n}} \tag{2.4}$$

式中　ρ——密度，g/cm^3；

m——试样质量，g；

m_1——蜡封试样质量，g；

m_2——蜡封试样在纯水中质量，g；

ρ_{wT}——纯水中温度 T℃时的密度，g/cm^3；

ρ_n——蜡的密度，g/cm^3。

蜡封法同样需要进行平行实验，其误差要求同环刀法一致。

密度实验记录见“土力学实验报告”中实验二中的表 2。

（5）注意事项。

1）蜡的温度。刚过熔点，以蜡液达到熔点后不出现气泡为准，温度过高会造成土体水分损失，温度过低则蜡的熔化不均匀。封蜡过程中避免扰动土体及将气泡封入试件。

2）水的密度与温度相关，实验过程中需要测定水的温度。

2.4 相对密度实验

2.4.1 实验原理

土的颗粒相对密度是在100～105℃下烘至恒重时的重量与同体积4℃蒸馏水重量的比值。是土的基本物理指标之一。土的相对密度仅与组成土粒的矿物密度有关。土颗粒的相对密度与土体中的水和气体无关。实际上是土中各种矿物密度的加权平均值，当土体中含有铁、锰矿物时，土体相对密度较大，而当土中含有机质较多时，土的相对密度较小。土颗粒相对密度一般介于2.65～2.75之间，砂土的土粒密度一般为2.65g/cm^{3}左右；粉质砂土的土粒密度一般为2.68g/cm^3；粉质黏土的土粒密度一般为2.68～2.72g/cm^3；黏土的土粒密度一般为2.73～2.75g/cm^3。

土的相对密度测定方法主要有比重瓶法、浮称法和虹吸管法。粒径小于5mm的土采用比重瓶法测定相对密度，粒径大于或者等于5mm的土且粒径大于20mm的颗粒小于10%时采用浮称法，所含颗粒粒径大于20mm的部分大于10%采用虹吸管法进行。测定粗、细粒混合料相对密度时，分别测定粗、细粒的相对密度，然后取其加权平均值为混合料等相对密度。限于篇幅，本书对使用较多的比重瓶法及浮称法做重点介绍，其他方法读者可参阅相关文献。

2.4.2 实验方法

1. 比重瓶法

(1) 仪器设备。

1) 比重瓶：容量100（或50)mL，分为长颈和短颈两种。

2) 天平：称量200g，最小分度值0.001g，恒温水槽：灵敏度±1℃。

3) 砂浴：可提供恒温。

4) 真空抽气设备。

5) 温度计：测量范围0～50℃，精度是0.5℃。

6) 其他：烘箱、蒸馏水、中性液体（如煤油等），孔径为2～5mm的筛、漏斗、滴管。

(2) 操作步骤。

1) 比重瓶校准按照下列步骤进行。

a. 将比重瓶洗净，烘干，置于干燥器内，冷却后称量，准确至0.001g。

b. 将煮沸经冷却的纯水注入比重瓶。长颈比重瓶注水至刻度处，短颈比重瓶应注满纯水，塞紧瓶塞，多余水自瓶塞毛细管中溢出，将比重瓶放入恒温水槽直至瓶内水温稳定。取出比重瓶，擦干外壁，称瓶、水总质量，准确至0.001g。测定恒温水槽内水温，准确至0.5℃。

c. 调节数个恒温水槽内的温度，温度差宜为5℃，测定不同温度下的瓶、水总质量。每个温度时均应进行两次平行测定，两次测定的差值不得大于0.002g，取两次测值的平均值。并绘制温度与瓶、水总质量的关系曲线。

2) 用比重瓶法对试样进行比重实验步骤。

a. 将比重瓶洗净、烘干并置于干燥器内，冷却后称量其质量，精确至 0.001g。

b. 装烘干土约 15g 入 100mL 比重瓶内（用 50mL 比重瓶装烘干土约 12g）称重。

c. 为排除土中空气，将装有土的比重瓶注入蒸馏水至瓶的一半处（对含有可溶盐、亲水性胶体或有机质的土，须用中性液体，如煤油等）。摇动比重瓶后，放在砂浴上煮沸，自悬液沸腾算起的煮沸时间，砂及砂质粉土应不少于 30min，黏土及粉质黏土应不少于 1h。煮沸时应注意不使土液溢出瓶外。

d. 将事先煮沸冷却的蒸馏水注入短颈比重瓶，注水至近满（将比重瓶放入恒温水槽内），待瓶内悬液稳定及瓶上部悬液澄清。

e. 塞好比重瓶瓶塞，使多余水分自瓶塞毛细管中溢出，将瓶外水分擦干后，称比重瓶与瓶内水、土混合物的总质量，精确至 0.001g。称重后立即测出瓶内水的温度。

f. 倒去悬液，洗净比重瓶，注入事先煮沸过且与实验时同温度的蒸馏水至近满，塞好瓶塞后，将瓶外水分擦干，称瓶及瓶内水总重（准确至 0.001g）。

g. 本实验须进行二次平行测量，取其算术平均值，保留两位小数，其平均差值不得大于 0.02g。

（3）结果整理。

计算土粒相对密度，即

$$d_s = \frac{m_s}{m_1 + m_s - m_2} \times d_{wT} \tag{2.5}$$

式中　d_s——土粒的相对密度；

m_s——干土重，g；

m_1——瓶、水总重，g；

m_2——瓶、水、土总重，g；

d_{wT}——t℃时蒸馏水的相对密度按（规程）水的相对密度表准确至 0.001g。

不同温度下蒸馏水的相对密度见表 2.1。

表 2.1　　不同温度下蒸馏水的相对密度表

温度 T/℃	水的密度 /(g/cm³)	温度 T/℃	水的密度 /(g/cm³)	温度 T/℃	水的密度 /(g/cm³)
5.0	0.999992	11.0	0.999633	17.0	0.998802
5.5	0.999982	11.5	0.999580	17.5	0.998714
6.0	0.999968	12.0	0.999525	18.0	0.998623
6.5	0.999951	12.5	0.999466	18.5	0.998530
7.0	0.999930	13.0	0.999404	19.0	0.998433
7.5	0.999905	13.5	0.999339	19.5	0.998334
8.0	0.999876	14.0	0.999271	20.0	0.998232
8.5	0.999844	14.5	0.999200	20.5	0.998128
9.0	0.999809	15.0	0.999126	21.0	0.998021
9.5	0.999770	15.5	0.999050	21.5	0.997911
10.0	0.999728	16.0	0.998970	22.0	0.997799
10.5	0.999682	16.5	0.998888	22.5	0.997685

续表

温度 T/℃	水的密度 /(g/cm³)	温度 T/℃	水的密度 /(g/cm³)	温度 T/℃	水的密度 /(g/cm³)
23.0	0.997567	27.0	0.996542	31.0	0.995369
23.5	0.997448	27.5	0.996403	31.5	0.995213
24.0	0.997327	28.0	0.996262	32.0	0.995054
24.5	0.997201	28.5	0.996119	32.5	0.994894
25.0	0.997074	29.0	0.995974	33.0	0.994731
25.5	0.996944	29.5	0.995826	33.5	0.994566
26.0	0.996813	30.0	0.995676	34.0	0.994399
26.5	0.996679	30.5	0.995524	34.5	0.994230

注意事项：

（1）实验前比重瓶需要烘干。

（2）称量过程中需将水冷却至室温。

（3）将纯水装入比重瓶中时，不要让悬浮液溢出。

2. 浮称法

本方法适用于粒径不小于5mm的各类土，且其中粒径大于20mm的土质量应小于总土质量的10%。

（1）仪器设备。本实验所用的主要仪器设备，应符合下列规定。

1）铁丝筐：孔径小于5mm，边长为10～15cm，高为10～20cm。

2）盛水容器：尺寸应大于铁丝筐。

3）浮称天平（图2.1）：称量2000g，最小分度值为0.5g。

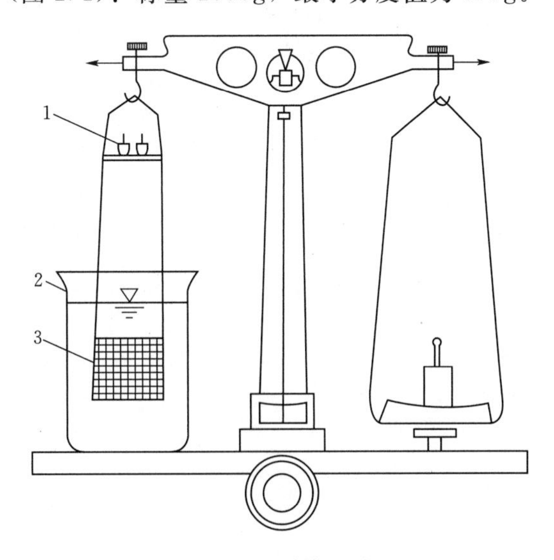

图2.1　浮称天平

1—调平平衡砝码盘；2—盛水容器；3—盛粗粒土的金属网

（2）操作步骤。

1）取代表性试样500～1000g，将试样表面清洗干净。

2）称量烧杯和杯内水的质量 m_1，将金属网缓缓浸没水中，再称量烧杯质量、杯中水和悬浮于水中金属网的质量，并测量水的温度为 T，计算出悬浮水中金属网的质量 m_2。

3）将试样表面清洗洁净，浸入水中一昼夜后取出，立即放入铁丝筐，并缓慢地将铁丝筐浸没于水中，在水中摇动至试样中无气泡逸出。

4）称铁丝筐和试样在水中的质量，记为 m_1，并取出试样烘干，称烘干试样质量 m_3。

5）称铁丝筐在水中的质量，并测定盛水容器内水温，准确至 0.5℃。

6）取出试样烘干，并称其质量记为 m_s

$$d_s = \frac{m_s}{m_s - (m_2 - m_1)} d_{wT} \tag{2.6}$$

式中　d_s——土粒相对密度；

m_1——铁丝框在水中的质量；

m_2——试样加铁丝筐在水中的质量；

其余符号含义同前。

第3章

颗粒分析实验

3.1 实验原理

土是由固体颗粒和颗粒之间的孔隙所组成，而孔隙中通常存在着水和空气两种物质，因此，土是由固体颗粒、水、空气组成的混合物。天然土由无数大小不同的土粒组成，逐个研究它们的大小是不可能的，通常是将工程性质相近的土粒合并成一组称为粒组。土的性质取决于各不同粒组的相对含量。为了确定各粒组的相对含量，必须用实验方法（颗分实验）将各粒组区分开来，颗粒的大小通常用粒径来表示。土粒的粒径变化时，土的性质也相应地发生变化。工程上将各种不同的土粒，按粒径范围的大小分组，即某一级粒径的变化范围，称为粒组。土的各粒组的相对含量就称为土的颗粒级配。土的粒径组成是决定土的物理性质的基本要素。土体粒组对其工程性质有重要的影响（表3.1）。

表3.1　　土粒组划分、组成与土的工程性质关系

粒组名称		粒径 d 范围/mm	一　般　特　征
漂石或块石颗粒		＞200	透水性很大；无黏性；无毛细作用
卵石或碎石颗粒		200～60	
圆砾或角砾颗粒	粗	60～20	透水性很大；无黏性土；毛细水上升高度不超过粒径大小
	中	20～5	
	细	5～2	
砂粒	粗	2～0.5	易透水；无黏性；无塑性，干燥时松散；毛细水上升高度不大（一般小于1m）
	中	0.5～0.25	
	细	0.25～0.075	
粉粒		0.075～0.005	透水性较弱；湿时稍有黏性（毛细力连接），干燥时松散，饱和时易流动；无塑性、遇水膨胀性；毛细水上升高度大；湿土振动有水析现象
黏粒		＜0.005	几乎不透水；湿时有黏性、可塑性、遇水膨胀大，干时收缩显著；毛细水上升高度大，但速度缓慢

粗粒土可以采用筛分法，而对于细粒土则必须采用沉降分析法分析粒度成分。筛分法适用于粒径大于0.075mm的粒组。主要设备是一套标准筛，筛子的孔径分别为20mm、10mm、5mm、2mm、1mm、0.5mm、0.25mm、0.1mm、0.075mm。将这套孔径不同的筛子，按从上至下筛孔逐渐减小放置。将事先称过重量的烘干土样过筛，称出留在各筛上的土重，然后计算占总颗粒的百分数。密度计法适用于粒径小于0.075mm的土。主要仪器是土壤比重计和容积为1000mL量筒。根据斯托克斯（Stokes）定理，球状的细颗粒在水中的下沉速度与颗粒直径的平方成正比，把粒径按其在水中的下沉速度进行粗细分组。在实验室内具体操作时，是利用比重计测定不同时间土粒和水混合物悬液的密度，据此计算出某一粒径土粒占总颗粒的百分数。

土的粒径组成情况常用粒径分布曲线来表示。以小于某粒径的试样质量占试样总质量的百分表为纵坐标，颗粒粒径为横坐标，将数据点在半对数坐标系上连成曲线。根据颗粒粒径分布曲线可以定性描述颗粒的级配情况，工程上常用不均匀系数C_u和曲率系数C_c来定量评价土的颗粒级配情况。小于某粒径的土粒质量累计百分数为10%时，相应的粒径称为有效粒径d_{10}。小于某粒径的土粒质量累计百分数为30%时的粒径用d_{30}表示。当小于某粒径的土粒质量累计百分数为60%时，该粒径称为限定粒径，用d_{60}表示。工程上把$C_u<5$的土看作均粒土，属级配不良，$C_u>10$的土属级配良好。

实际上，单独只用一个指标C_u来确定土的级配情况，要同时考虑累积曲线的整体形状，所以需参考曲率系数C_c值，砾类土或砂类土同时满足$C_u\geqslant 5$和$C_c=1\sim 3$两个条件时，则定名为良好级配砾或良好级配砂。颗粒级配可以在一定程度上反映土的某些性质。对于级配良好的土，较粗颗粒间的孔隙被较细的颗粒所填充，因而土的密实度较好，相应的地基土的强度和稳定性也较好，透水性和压缩性也较小，可用作堤坝或其他土建工程的填方土料。

3.2　实验方法

3.2.1　筛分法

1. 实验目的

颗粒大小分析是测定干土中各种粒组所占该土总重百分数的方法，依次确定土样组分颗粒大小分配情形，供土的分类及粗略判断土的工程性质。本方法适用于粒径大于0.075mm的土粒，可用筛分方法来测定。但对于粒径大于60mm的土样，本实验方法不适用。

2. 基本原理

筛分法利用一套孔径不同的标准筛来分离一定量的砂土中与筛孔径相应的粒组，而后称量，计算各粒组的相对含量，确定土的粒度成分。此法适用于分离粒径大于0.075mm粒组。

3. 仪器设备

（1）标准筛一套（图3.1）。

（2）普通天平：称量为1000g，最小分度值为0.1g；称量为500g，最小分度值为0.01g。

（3）磁钵及橡皮头研棒。

（4）毛刷、白纸、尺等。

4. 操作步骤

（1）制备土样。

1）从风干松散的土样中，用四分对角法取出代表性的试样，如图 3.2 所示。

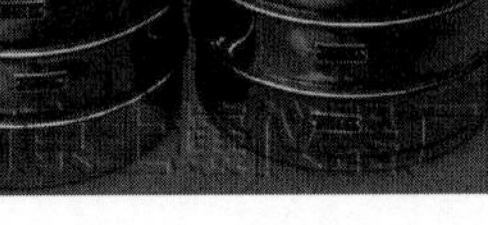

图 3.1　标准筛

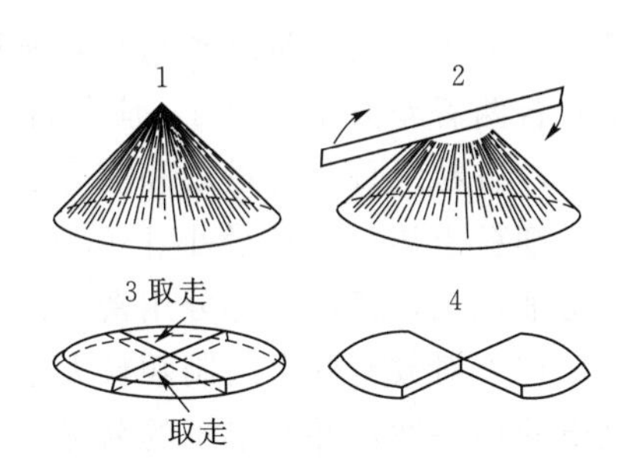

图 3.2　四分法图解

2）试样中有结块时，可将试样倒入磁钵中，用橡皮头研棒研磨，直至结块成为单独颗粒为止，研磨力度要合适，不能把颗粒研碎。

3）从风干松散的土样中，用四分对角法按照表 3.2 的规定取出代表性的试样。

表 3.2　　　　　　　　　　**取　样　标　准**

颗粒粒径/mm	取样质量/g	颗粒粒径/mm	取样质量/g
＜2	100～200	＜40	2000～4000
＜10	300～900	＜60	＞4000
＜20	1000～2000		

（2）按表 3.2 的规定数量取出试样称重，准确至 0.1g。取样数量超过 500g 时应精确至 1g。

（3）将试样过 2mm 筛子，称量留在筛上和筛下的土样，当筛子下面的土样小于总质量的 10%时，不做细筛分析，当留在筛子上面的土样小于总重量的 10%时，不做粗筛分析。本次实验选用常见的细筛分析，取代表性试样 100～300g，倒入依次叠好的细筛（孔径为 2mm、1mm、0.5mm、0.25mm、0.075mm）的最上层筛中，加盖，置于振筛机上或者手动震摇，震摇时间一般为 10～15min。

（4）由上至下开始依次将各筛取下，在白纸上用手轻叩摇晃，至无砂粒漏下为止，漏下的砂粒应全部放入下一级筛内。

（5）将遗留各筛上的土分别称重，准确至 0.1g，并测量试样中最大颗粒的直径。若大于 2mm 的颗粒超过 50%，再用粗筛进行分析。

（6）各筛上及底盘中土重总和，与所取试样重量之差不得大于 1%。

5. 成果整理

（1）小于某粒径的试样质量占试样总质量的百分比按式（3.1）计算，准确至小数后一位，即

$$X = \frac{m_{\mathrm{A}}}{m_{\mathrm{B}}} \cdot d_x \tag{3.1}$$

式中 X——小于某粒径的试样质量占试样总质量的百分比，%；

m_A——小于某粒径的试样质量，g；

m_B——所取试样总质量，g；

d_x——粗径小于2mm或粒径小于0.075的试样质量占总质量的百分数，如试样中无大于2mm粒径或无小于0.075mm的粒径在计算粗筛分析时则$d_x=100\%$。

各筛盘上土粒的质量之和与筛前所称试样的质量之差不得大于1%；否则应重新实验。若两者差值小于1%，应分析实验过程中误差产生的原因，分配给某些粒组；最终，各粒组百分含量之和应等于100%，将实验数据填写在记录表中。

（2）细粒土类。若粒径小于0.075mm的土粒含量大于50%，则该土不是砂土，而是细粒土，将这一部分用密度计法（见3.2.2小节）继续分析。

（3）在单对数坐标上绘制颗粒大小分布曲线，求不均匀系数C_u和曲率系数C_c，说明该土的均一性，并确定土的名称。

（4）填写实验报告。报告见“土力学实验报告”。

6. 注意事项

（1）在筛分中，尤其是将试样由一器皿倒入另一器皿时，要避免微小颗粒的飞扬。

（2）过筛后，要检查筛孔中是否夹有颗粒，若夹有颗粒，应将颗粒轻轻刷下，放入该筛盘上的土样中一并称量。

3.2.2 密度计法

1. 实验目的

测定小于某粒径的颗粒占细粒土质量的百分数，以便了解土粒组成情况；并作为粉土和黏性土的分类和建筑选料之用。

2. 基本原理

密度计法是依据斯托克斯（Stokes）定律进行测定的。当土粒在液体中靠自重下沉时，较大的颗粒下沉较快，而较小的颗粒下沉较慢。一般认为，对于粒径为0.2～0.002mm的颗粒，在液体中靠自重下沉时，做等速运动，这符合斯托克斯定律。密度计法是静水沉降分析法的一种，只适用于粒径小于0.075mm的土样。

密度计法是将一定量的土样（粒径小于0.075mm）放在量筒中，然后加纯水，经过搅拌，使土的大小颗粒在水中均匀分布，制成一定量的均匀浓度的土悬液（1000mL）。静置悬液，让土粒沉降，在土粒下沉过程中，用密度计测出在悬液中对应于不同时间的不同悬液密度，根据密度计读数和土粒的下沉时间，就可计算出粒径小于某一粒径的颗粒占土样的百分数。

3. 仪器设备

（1）密度计。目前通常采用的密度计有甲、乙两种，这两种密度计的制造原理及使用方法基本相同，但密度计的读数所表示的含义则是不同的，甲种密度计读数所表示的是一定量悬液中的干土质量；乙种密度计读数所表示的是悬液相对密度。

1）甲种密度计，刻度单位以在20℃时每1000mL悬液内所含土质量的克数来表示，刻度为－5～50，最小分度值为0.5。

2）乙种密度计，刻度单位以在20℃时悬液的相对密度来表示，刻度为0.995～

1.020，最小分度值为0.0002。

（2）量筒：容积1000mL。

（3）漏斗式洗筛：孔径0.075mm。

（4）搅拌器：轮径50mm，孔径3mm。

（5）天平：称量1000g，最小分度值为0.1g；称量200g，最小分度值为0.01g。

（6）温度计：刻度值为0～50℃，精度为0.5℃。

（7）煮沸设备：电热器、锥形烧瓶。

（8）分散剂：4%六偏磷酸钠或其他分散剂。

（9）其他：温度计、研钵、秒表、烧杯、瓷皿、天平等。

4. 操作步骤

（1）密度计的校正。密度计在制造过程中，其浮泡体积及刻度往往不易准确，况且密度计的刻度是以20℃的纯水为标准的。由于受实验室多种因素的影响，密度计在使用前应对刻度、弯液面、土粒沉降距离、温度、分散剂等的影响进行校正。

1）土粒沉降距离校正。

a. 测定密度计浮泡体积。在250mL量筒内倒入约130mL纯水，并保持水温为20℃，以弯液面上缘为准，测记水面在量筒上的读数并画一标记，然后将密度计缓慢放入量筒中，使水面达到密度计的最低刻度处（以弯液面上缘为准）时，测记水面在量筒上的读数并再画一标记，水面在量筒上的两个读数之差即为密度计的浮泡体积，读数准确至1mL。

b. 测定密度计浮泡体积中心。在测定密度计浮泡体积之后，将密度计垂直向上缓慢提起，并使水面恰好落在两标记的中间。此时，水面与浮泡的相切处（弯液面上缘为准）即为密度计浮泡的中心，将密度计固定在三脚架上，用直尺量出浮泡中心至密度计最低刻度的垂直距离。

c. 测定1000mL量筒的内径（准确至1mm），并计算出量筒的截面积。

d. 量出密度计最低刻度至玻璃杆上各刻度的距离，每5格量距1次。

e. 按式（3.2）计算土粒有效沉降距离，即

$$L = L' - \frac{V_b}{2A} = L_1 + \left(L_0 - \frac{V_b}{2A}\right) \tag{3.2}$$

式中　L——土粒有效沉降距离，cm；

L'——水面至密度计浮泡中心的距离，cm；

L_1——最低刻度至玻璃杆上各刻度的距离，cm；

L_0——密度计浮泡中心至最低刻度的距离，cm；

V_b——密度计浮泡体积，cm^3；

A——1000mL量筒的截面积，cm^2。

f. 用所量出的最低刻度至玻璃杆上各刻度的不同距离L_1值代入式（3.2），可计算出各相应的土粒有效沉降距离L值，并绘制密度计读数与土粒有效沉降距离的关系曲线，从而根据密度计的读数就可得出土粒有效沉降距离。

2）刻度及弯液面校正。实验时密度计的读数应以弯液面的上缘为准，而密度计制造时其刻度是以弯液面的下缘为准，因此应对密度计刻度及弯液面进行校正。将密度计放入20℃纯水中，此时密度计上弯液面的上、下缘的读数之差即为弯液

面的校正值。因弯液面上缘刻度永远大于下缘刻度，故此值永远为正。某些密度计出厂时已注明以弯液面上缘为准，即校正值为零。

3）温度校正。密度计刻度是在 20℃时刻制作的，但实验时的悬液温度不一定恰好等于 20℃，而水的密度变化及密度计浮泡体积的膨胀，会影响到密度计的准确读数，因此需要加以温度校正。密度计读数的温度校正值可从表 3.3 查得。

4）分散剂校正。为了使悬液充分分散，常加一定量的分散剂，悬液的密度则比原来的增大，因此应考虑分散剂对密度计读数的影响。具体方法是：将量筒内 1000mL 的纯水恒温至 20℃，先测出密度计在 20℃纯水中的读数，然后再加实验时采用的分散剂，用搅拌器在量筒内沿整个深度上下搅拌均匀，并将密度计放入溶液中测记密度计读数，两者之差即为分散剂校正值。

5）土粒相对密度校正。密度计刻度是假定悬液内土粒的相对密度为 2.65 制作的，若实验时土粒的相对密度不是 2.65，则必须加以校正，甲、乙两种密度计的相对密度校正值可由表 3.4 查得。

表 3.3　温度校正值

悬液温度/℃	甲种密度计温度校正值	乙种密度计温度校正值	悬液温度/℃	甲种密度计温度校正值	乙种密度计温度校正值	悬液温度/℃	甲种密度计温度校正值	乙种密度计温度校正值
10.0	−2.0	−0.0012	17.0	−0.8	−0.0005	24.0	1.3	0.0008
10.5	−1.9	−0.0012	17.5	−0.7	−0.0004	24.5	1.5	0.0009
11.0	−1.9	−0.0012	18.0	−0.5	−0.0003	25.0	1.7	0.0010
11.5	−1.8	−0.0011	18.5	−0.4	−0.0003	25.5	1.9	0.0011
12.0	−1.8	−0.0011	19.0	−0.3	−0.0002	26.0	2.1	0.0013
12.5	−1.7	−0.0010	19.5	−0.1	−0.0001	26.5	2.2	0.0014
13.0	−1.6	−0.0010	20.0	0	0	27.0	2.5	0.0015
13.5	−1.5	−0.0009	20.5	0.1	0.0001	27.5	2.6	0.0016
14.0	−1.4	−0.0009	51.0	0.3	0.0002	28.0	2.9	0.0018
14.5	−1.3	−0.0008	21.5	0.5	0.0003	28.5	3.3	0.0019
15.0	−1.2	−0.0008	22.0	0.6	0.0004	29.0	3.3	0.0021
15.5	−1.1	−0.0007	22.5	0.8	0.0005	29.5	3.5	0.0022
16.0	−1.0	−0.0006	23.0	0.9	0.0006	30.0	3.7	0.0023
16.5	−0.9	−0.0006	23.5	1.1	0.0007			

表 3.4　相对密度校正值

土粒相对密度		2.50	2.52	2.54	2.56	2.58	2.60	2.62	2.64	2.66
校正值	甲种密度计	1.038	1.032	1.027	1.022	1.017	1.012	1.007	1.002	0.998
	乙种密度计	1.666	1.658	1.649	1.641	1.632	1.625	1.617	1.609	1.603
土粒相对密度		2.68	2.70	2.72	2.74	2.76	2.78	2.80	2.82	2.84
校正值	甲种密度计	0.993	0.989	0.985	0.981	0.977	0.973	0.969	0.965	0.961
	乙种密度计	1.595	1.588	1.581	1.575	1.568	1.562	1.556	1.549	1.543

(2) 土样处理及制备悬液。

1) 取代表性试样 200～300g，风干并测定试样的风干含水率，放入研钵中，用带橡皮头的研棒研散。

2) 称风干试样 30g，倒入 500mL 锥形瓶，注入纯水 200mL，浸泡过夜。

3) 将盛土液的锥形瓶稍加摇晃后放在煮沸设备上进行煮沸，煮沸时间宜为 40min。

4) 将冷却后的悬液全部冲入烧杯中，用带橡皮头的研棒研磨；静置约 1min，将上部悬液倒在 0.075mm 洗筛上，经漏斗注入 1000mL 的大量筒内，遗留杯底沉淀物用橡皮头研棒研散，再加适量纯水搅拌，倒出上部悬液过筛入量筒内。如此反复，直至悬液澄清后将烧杯中全部试样过筛，冲洗干净；将筛上砂粒移入蒸发皿内，烘干后按 3.2.1 中的步骤 (2) 过筛称量，并计算各粒组百分含量。

5) 在大量筒中加入 4%浓度的六偏磷酸钠 10mL，再注入纯水至 1000mL。

(3) 按时测定悬液的密度及温度。

1) 将搅拌器放入量筒中，沿悬液深度上下搅拌 1min，使土粒完全均布到整个悬液中。注意搅拌时勿使悬液溅出量筒外。

2) 取出搅拌器，同时立即开动秒表，将密度计放入悬液中，测记 0.5min、1min、2min、5min、15min、30min、60min、120min 和 1440min 时的密度计读数，并测定其相应的悬液温度。根据实验情况或实际需要，可增加密度计读数次数，或缩短最后一次读数时间。

3) 每次读数时均应在预定时间前 10～20s 将密度计徐徐放入悬液中部，不得贴近筒壁，并使密度计竖直，还应在近似于悬液密度的刻度处放手，以免搅动悬液。

4) 密度计读数以弯液面上缘为准。甲种密度计应准确至 0.5，估读至 0.1；乙种密度计应准确至 0.0002，估读至 0.0001。每次读数完毕，立即取出密度计，放入盛有清水的量筒中。

5) 测定悬液温度，应准确至 0.5℃。

5. 成果整理

(1) 试样颗粒粒径按斯托克斯公式 (3.3) 计算，即

$$d=\sqrt{\frac{1800\times10^{4}\eta}{(d_s-G_{wt})\rho_{wt}g}\times\frac{L}{t}}=A\sqrt{\frac{L}{t}} \tag{3.3}$$

式中 d——土颗粒粒径，mm；

η——水的动力黏滞系数，$\times10^{-6}$kPa·s；

d_s——土粒相对密度；

G_{wt}——t℃时水的相对密度；

ρ_{wt}——4℃时纯水的密度，g/cm^3；

L——土粒下沉距离，cm；

t——土粒下沉时间，s；

g——重力加速度，cm/s^2；

A——粒径计算系数，与悬液温度和土粒相对密度有关，可由表 3.5 查得。

表 3.5　　　　粒径计算系数 A 值表

温度 t/℃	土粒相对密度 G_s								
	2.45	2.50	2.55	2.60	2.65	2.70	2.75	2.80	2.85
5	0.1385	0.1360	0.1399	0.1318	0.1298	0.1279	0.1261	0.1243	0.1226
6	0.1365	0.1342	0.1320	0.1299	0.1280	0.1261	0.1243	0.1225	0.1208
7	0.1344	0.1321	0.1300	0.1280	0.1260	0.1241	0.1224	0.1206	0.1189
8	0.1324	0.1302	0.1281	0.1260	0.1241	0.1223	0.1205	0.1188	0.1182
9	0.1305	0.1283	0.1262	0.1242	0.1224	0.1205	0.1187	0.1171	0.1164
10	0.1288	0.1267	0.1247	0.1227	0.1208	0.1189	0.1173	0.1156	0.1141
11	0.1270	0.1249	0.1229	0.1209	0.1190	0.1173	0.1156	0.1140	0.1124
12	0.1253	0.1232	0.1212	0.1193	0.1175	0.1157	0.1140	0.1124	0.1109
13	0.1235	0.1214	0.1195	0.1175	0.1158	0.1141	0.1124	0.1109	0.1094
14	0.1221	0.1200	0.1180	0.1162	0.1149	0.1127	0.1111	0.1095	0.1080
15	0.1205	0.1184	0.1165	0.1148	0.1130	0.1113	0.1096	0.1081	0.1067
16	0.1189	0.1169	0.1150	0.1132	0.1115	0.1098	0.1083	0.1067	0.1053
17	0.1173	0.1154	0.1135	0.1118	0.1100	0.1085	0.1069	0.1047	0.1039
18	0.1159	0.1140	0.1121	0.1103	0.1086	0.1071	0.1055	0.1040	0.1026
19	0.1145	0.1125	0.1108	0.1090	0.1073	0.1058	0.1031	0.1088	0.1014
20	0.1130	0.1111	0.1093	0.1075	0.1059	0.1043	0.1029	0.1014	0.1000
21	0.1118	0.1099	0.1081	0.1064	0.1043	0.1033	0.1018	0.1003	0.0990
22	0.1103	0.1085	0.1067	0.1050	0.1035	0.1019	0.1004	0.0990	0.0977
23	0.1091	0.1072	0.1055	0.1038	0.1023	0.1007	0.0993	0.0979	0.0966
24	0.1078	0.1061	0.1044	0.1028	0.1012	0.0997	0.0982	0.0960	0.0956
25	0.1065	0.1047	0.1031	0.1014	0.0999	0.0984	0.0970	0.0957	0.0943
26	0.1054	0.1035	0.1019	0.1003	0.0988	0.0973	0.0959	0.0945	0.0933
27	0.1041	0.1024	0.1007	0.0992	0.0977	0.0962	0.0948	0.0935	0.0923
28	0.1032	0.1014	0.0998	0.0982	0.0967	0.0953	0.0939	0.0926	0.0913
29	0.1019	0.1002	0.0986	0.0971	0.0956	0.0941	0.0928	0.0914	0.0903
30	0.1008	0.0991	0.0975	0.0960	0.0945	0.0931	0.0918	0.0905	0.0893

(2) 小于某粒径的试样质量占试样总质量的百分比可按式 (3.4) 或式 (3.5) 计算。

1) 甲种比重计

$$X = \frac{1}{m_s} \times C_G \times (R + m_t + n - C_D) \times 100\% \tag{3.4}$$

式中 X——小于某粒径的试样质量的百分比，%；

m_s——土样干质量，g；

C_G——土粒相对密度校正值，查表 1.2；

R——甲种密度计读数；

m_t——悬液温度校正值，查表 3.3；

n——弯液面校正值；

C_D——分散剂校正值。

2）乙种比重计

$$X=\frac{V_x}{m_s}\times C_G'\times[(R'-1)+m_t'+n'-C_D']\times\rho_{w20}\times100\% \tag{3.5}$$

式中 C_G'——土粒相对密度校正值，查表3.4；

R'——乙种密度计读数；

m_t'——悬液温度校正值，查表3.3；

n'——弯液面校正值；

C_D'——分散剂校正值；

V_x——悬液体积（=1000mL）；

ρ_{w20}——20℃时纯水的密度，取0.9982g/cm^3。

（3）在半对数坐标上绘制颗粒大小分布曲线，求不均匀系数C_u和曲率系数C_c，说明该土的均一性。

必须指出的是，当试样中既有小于0.075mm的颗粒，又有大于0.075mm的颗粒时，需进行密度计法和筛析法联合分析时，应考虑到小于0.075mm的试样质量占试样总质量的百分比，即应将按式（3.4）或式（3.5）所得的计算结果，再乘以小于0.075mm的试样质量占试样总质量的百分数，然后再分别绘制密度计法和筛析法所得的颗粒大小分布曲线，并将两段曲线连成一条平滑的曲线。

（4）填写实验报告。

6. 注意事项

（1）土样的状态。土样的状态分为天然湿度状态、风干湿度状态及烘干状态。相关实验表明，天然状态下的土体比其他状态下所测得的黏粒含量偏高，因为天然状态下含有非可溶的胶体物质，经干燥后细颗粒胶结成团，难以分散。因此，天然湿度状态下的土样更接近于实际情况。

（2）密度计的读数标准。关于密度计读数标准并没有统一规定，一种为全曲线分析读数，即0.5min、1min、2min、5min、15min、30min、60min、120min、1440min时测记密度计读数，另一种为选用相对应于各粒组界限值，如粒径为0.075mm、0.05mm、0.005mm、0.002mm颗粒的沉降时间作为读数时间。国家标准中因前者读数较为完整，能满足级配曲线完整性要求，因此选用接近全曲线分析读数法。

第4章

黏性土液限和塑限实验

4.1 实验原理

黏性土因含水多少而表现出的稀稠软硬程度或在外力作用下引起变形或破坏的抵抗能力，称为稠度。因含水多少而呈现出的不同的物理状态称为黏性土的稠度状态。黏性土由于其含水量的不同，而分别处于固态、半固态、可塑状态及流动状态。可塑状态就是当黏性土在某含水量范围内，可用外力塑成任何形状而不发生裂纹，并当外力移去后仍能保持既得的形状。土的这种性能叫做可塑性。黏性土由一种状态转到另一种状态的分界含水量，叫做界限含水量，它对黏性土的分类及工程性质的评价有重要意义。

土由可塑状态转到流动状态的界限含水量叫做液限（也称塑性上限含水量或流限），用符号 w_L 表示，土由半固态转到可塑状态的界限含水量称为塑限（也称塑性下限含水量），用符号 w_P 表示，土由半固体状态不断蒸发水分，则体积逐渐缩小，直到体积不再缩小时土的界限含水量叫缩限，用符号 w_S 表示。以上参数以百分数表示。

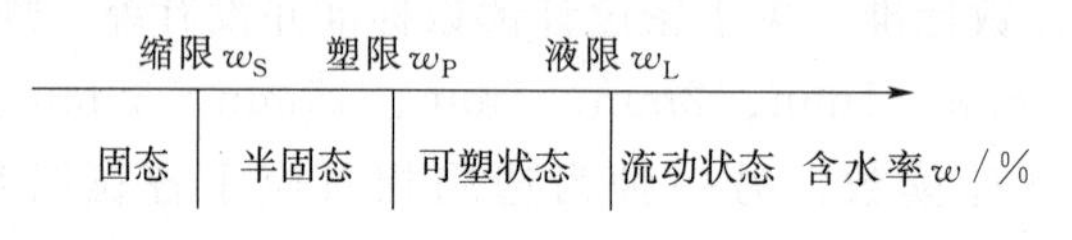

图4.1　土的物理状态转换过程

塑性指数是指液限和塑限的差值（省去%符号），即土处在可塑状态的含水量变化范围用符号 I_P 表示。显然，塑性指数越大，土处于可塑状态的含水量范围也越大。塑性指数的大小与土中结合水的可能含量有关，土中结合水的含量与土的颗粒组成、土粒的矿物成分以及土中水的离子成分和浓度等因素有关。从土的颗粒来说，土粒越细且细颗粒（黏粒）的含量越高，则其比表面和可能的结合水含量越高，因而 I_P 也随之增大，从矿物成分来说，黏土矿物可能具有的结合水量大（其中尤以蒙脱石类为最大），因而 I_P 也大。从土中水的离子成分和浓度来说，当水中高价阳离子的浓度增加时，土粒表面吸附的反离子层的厚度变薄，结合水含量相应减少，I_P 也小；反之随着反离子层中的低价阳离子的增加，I_P 变大。

由于塑性指数在一定程度上综合反映了影响黏性土特征的各种重要因素，因此，在工程上常按塑性指数对黏性土进行分类。《建筑地基基础设计规范》（GB

50007—2011）规定，黏性土按塑性指数 I_P 值可划分为黏土、粉质黏土液性指数：黏性土的天然含水量和塑限的差值与塑性指数之比，用符号 I_L 表示。黏性土状态与液性指数的关系见表 4.1。

表 4.1　　黏性土的物理状态

状态	坚硬	硬塑	可塑	软塑	流塑
液性指数 I_L	$I_L \leqslant 0$	$0 < I_L \leqslant 0.25$	$0.25 < I_L \leqslant 0.75$	$0.75 < I_L \leqslant 1.0$	$I_L > 1.0$

由此可见，利用液性指数 I_L 来表示黏性土所处的软硬状态。I_L 值越大，土质越软；反之，土质越硬。见表 4.1，《建筑地基基础设计规范》（GB 50007—2011）规定，黏性土根据液性指数值划分为坚硬、硬塑、可塑、软塑及流塑 5 种软硬状态。

4.2 实验方法

4.2.1 液限、塑限联合测定法

1. 实验目的

液限、塑限联合测定法是根据圆锥仪的圆锥入土深度与其相应的含水率在双对数坐标上具有线性关系的特性来进行的。利用圆锥质量为 76g 的液塑限联合测定仪测得土在不同含水率时的圆锥入土深度，并绘制其关系直线图，在图上查得圆锥下沉深度为 10mm（或 17mm）所对应的含水率即为液限，查得圆锥下沉深度为 2mm 所对应的含水率即塑限。

2. 仪器设备

（1）液塑限联合测定仪（图 4.2）。

（2）分度值 0.02mm 的卡尺。

（3）称量 200g、最小分度值为 0.01g 的天平。

（4）烘箱；能提供 100℃以上恒温。

（5）铝制称量盒、调土刀、孔径为 0.5mm 的筛、滴管、凡士林等。

3. 操作步骤

（1）取有代表性的天然含水率或风干土样进行实验。如土中含大于 0.5mm 的颗粒或夹杂物较多时，可采用风干土样，用带橡皮头的研杵研碎或用木棒在橡皮板上压碎土块。试样必须反复研碎、过筛，直至将土块全部通过 0.5mm 的筛为止。取筛下土样用三皿法或一皿法进行制样。

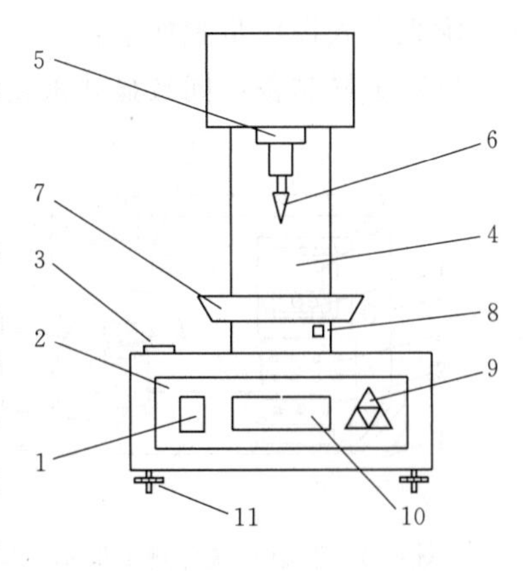

图 4.2　数显式液塑限联合测定仪

1—开关；2—PVC 膜；3—水平泡；4—机座；5—位移传感器；6—圆锥；7—试杯；8—拨杆；9—键盘；10—LCD 显示器；11—地脚螺栓

1）三皿法。用筛下土样 200g 左右，分开放入 3 个盛土皿中，用吸管加入不同数量的蒸馏水或自来水，土样的含水量分别控制在液限、塑限以上和它们的中间状态附近。用调土刀调匀，

盖上湿布，放置18h以上。

2）一皿法。取筛下土样100g左右，放入一个盛土皿中，按三皿法加水、调土、闷土，将土样的含水率控制在塑限以上，按下面步骤（2）～步骤（4）进行第一点入土尝试和含水率测定。然后依次加水，按上述方法进行第二点和第三点含水率和入土深度测定，该两点土样的含水率应分别控制在液限、塑限中间状态和液限附近，但加水后要充分搅拌均匀，闷土时间可适当缩短。

（2）将制备好的土样充分搅拌均匀，分层装入土样试杯，用力压密，使空气逸出。对于较干的土样，应先充分搓揉，用调土刀反复压实。试杯装满后，刮成与杯边齐平。

（3）将仪器放置在水平工作台上，调整水平螺旋脚，使水泡聚中。将仪器的电源插头插好，打开电源开头，预热3min。测量前用手轻轻托起锥体至限位处，轻按复位键，使显示屏上的数字显示为零。

（4）将调好的土样放入试杯中。刮平表面，放到仪器的升降座上。这时缓缓地向顺时针方向调节升降旋钮，当试杯中的土样同锥尖接触时，接触指示灯立刻发亮，此时应停止旋动，然后按“测量”键。

（5）测量。按下“测量”键，锥体落下，此时，时间音响发出“嘟！嘟……”的声音。当测量时间一到，叫声停止，此时显示屏上显示出5s的入土深度值，第二次测量时，需将锥体再次向上托至限位处，向逆时针方向调节升降旋钮至能改变锥尖与土的接触位置（锥尖两次锥入位置距离不小于1cm），将锥尖擦干净，再次测量，重复上述步骤（4）、步骤（5）。测得锥深入试样的深度值，允许误差为0.5mm；否则，应重做。

（6）去掉锥尖入土处的凡士林，取10g以上的土样两个，分别放入称量盒内，称重（准确至0.01g），测定其含水率 w_1、w_2（计算到0.1%）。计算含水量平均值 w。

（7）重复步骤（2）～步骤（4），对其他两含水率土样进行实验，测其锥入深度和含水率。

附光电式操作步骤如下：

（1）土样制备：同数显式液塑限联合测定方法。

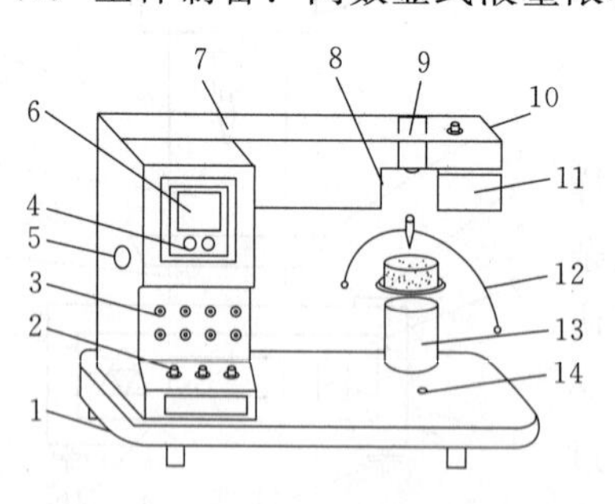

图4.3 液塑限联合测定仪示意图

1—水平调节螺丝；2—控制开关；3—指示发光管；4—零线调节螺丝；5—反光镜调节螺丝；6—屏幕；7—机壳；8—物镜调节螺丝；9—电磁装置；10—光源调节螺丝；11—光源装置；12—圆锥仪；13—升降台；14—水平泡

（2）装土入杯：同数显式液塑限联合测定方法。

（3）接通电源：在圆锥仪锥尖上涂抹一薄层凡士林，接通电源，如图4.3所示，使电磁铁吸住圆锥。

（4）测读深度：调整升降座，使锥尖刚好与试样面接触，切断电源使电磁铁失磁，圆锥仪在自重下沉入试样，经5s后测读圆锥下沉深度。

（5）测含水率：同数显式液塑限联合测定方法。

4. 成果整理

（1）按式（4.1）计算含水率，即

$$w=\frac{m_w}{m_s}\times100\%=\frac{m_1-m_2}{m_2-m_0}\tag{4.1}$$

式中 w——含水率，%，精确至 0.1%；

m_1——称量盒加湿土质量，g；

m_2——称量盒加干土质量，g；

m_0——称量盒质量，g。

将 3 个含水量与相应的圆锥下沉深度绘于双对数坐标纸上，如图 4.4 所示，三点连一条直线，如图中的 A 线。如果三点不在一条直线上，通过高含水量的一点与其余两点连两条直线，在圆锥下沉深度为 2mm 处查得相应的含水量，如果其差值不超过 2%，用平均值的点与高含水量点做一条直线，如图 4.4 中的 B 线，若含水量差值超过 2%，应补做试验。

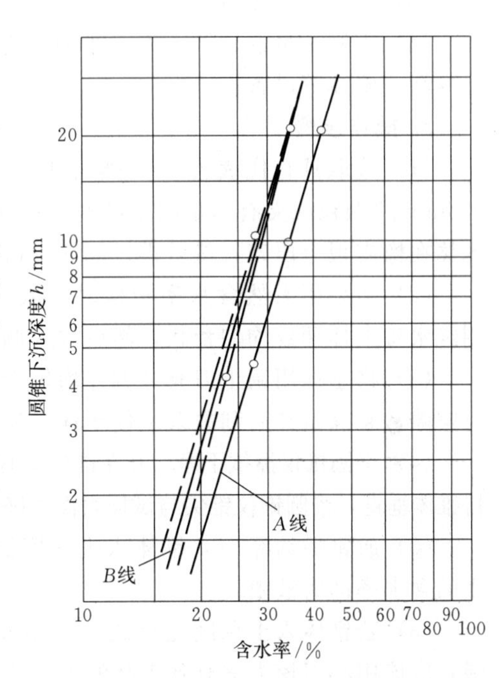

图 4.4 圆锥下沉深度与含水率关系图

(2) 按式 (4.2) 计算塑性指数，即

$$I_P=w_L-w_P\tag{4.2}$$

式中 I_P——塑性指数，精确至 0.1；

w_L——液限，%；

w_P——塑限，%。

(3) 按式 (4.3) 计算液性指数，即

$$I_L=\frac{w-w_P}{w_L-w_P}=\frac{w-w_P}{I_P}\tag{4.3}$$

式中 I_L——液性指数，精确至 0.01；

w_0——天然含水率，%。

5. 注意事项

(1) 在实验中，锥连杆下落后，若要重新提起时，只需将测杆轻轻上推到位，便可自动锁住。切勿过度用力，以免造成仪器损坏。

(2) 试样杯放置到仪器工作平台上时，需轻放，不与台面相互碰撞，更应避免其他金属等硬物与工作平台碰撞，有助于保持平台的平度。

(3) 每次实验结束，应取下标准锥，用棉花或布擦干，存放在干燥处。

(4) 做实验前后，都应该保证测杆清洁。

实验记录表格见“土力学实验报告”中实验四的表 1。

4.2.2 圆锥仪法液限实验

1. 实验目的

本节对圆锥仪液限实验进行介绍。圆锥仪液限实验就是将质量为 76g、锥角为 30°的圆锥仪轻放在试样的表面，使其在自重作用下沉入土中，若圆锥体经过 5s 恰好沉入土中 10mm 深度，土对圆锥体沉入的抵抗能力即为液限，此时试样的含水率 w 就是液限。

2. 仪器设备

（1）圆锥液限仪，主要有3个部分：①质量为76g且带有平衡装置的圆锥，锤角30°，高25mm，距锥尖10mm处有环状刻度；②用金属材料或有机玻璃制成的试样杯，直径不小于40mm，高度不小于20mm；③硬木或金属制成的平稳底座。

（2）称量200g、最小分度值为0.01g的天平。

（3）烘箱、干燥器。

（4）铝制称量盒、调土刀、小刀、毛玻璃板、滴管、吹风机、孔径为0.5mm标准筛、研体等设备。

3. 操作步骤

（1）选取具有代表性的天然含水率土样或风干土样，若土中含有较多大于0.5mm的颗粒或夹有多量的杂物时，应将土样风干后用带橡皮头的研杵研碎或用木棒在橡皮板上压碎，然后再过0.5mm的筛。

（2）当采用天然含水率土样时，取代表性土样250g，将试样放在橡皮板上，用纯水将土样调成均匀膏状，然后放入调土皿中，盖上湿布，浸润过夜。

（3）将土样用调土刀充分调拌均匀后，分层装入试样杯中，并注意土中不能留有空隙，装满试杯后刮去余土使土样与杯口齐平，并将试样放在底座上。

（4）将圆锥仪擦拭干净，并在锥尖上抹一薄层凡士林，两指捏住圆锥仪手柄，保持锥体垂直，当圆锥仪锥尖与试样表面正好接触时，轻轻松手让锥体自由沉入土中。

（5）放锥后约经5s，锥体入土深度恰好为10mm的圆锥环状刻度线处，此时土的含水率即为液限。

（6）若锥体入土深度超过或小于10mm时，表示试样的含水率高于或低于液限，应该用小刀挖去沾有凡士林的土，然后将试样全部取出，放在橡皮板或毛玻璃板上，根据试样的干、湿情况，适当加纯水或边调边风干重新拌和，然后重复步骤（3）～（5）。

（7）取出锥体，用小刀挖去沾有凡士林的土，然后取锥孔附近土样10～15g，放入称量盒内，测定其含水率。

4. 成果整理

按式（4.1）计算含水率，液限实验需进行两次平行测定，并取其算术平均值，其平行差值不得大于2%。

圆锥仪液限实验记录见“土力学实验报告”中实验五的表1。

5. 注意事项

（1）若调制土样含水率过大，只需在空气中晾干或者吹风机吹干，也可用调土刀搅拌或者手搓，切不可加干土或者放在电炉上烘干。

（2）放锥子时要平稳，避免产生冲击力。

（3）从试杯中取土样，必须将沾有凡士林土样去掉，方能重新调制或者取样测含水率。

4.2.3 滚搓法塑限实验

1. 实验目的

塑限是区分黏性土可塑状态与半固体状态的界限含水率，测定土的塑限的实验方法主要是滚搓法。滚搓法塑限实验就是用手在毛玻璃板上滚搓土条，当土条直径达 3mm 时产生裂缝并断裂，此时试样的含水率即为塑限。

2. 仪器设备

（1）200mm×300mm 的毛玻璃板。

（2）分度值 0.02mm 的卡尺或直径为 3mm 的金属丝。

（3）称量 200g、最小分度值为 0.01g 的天平。

（4）烘箱、干燥器。

（5）铝制称量盒、滴管、吹风机、孔径为 0.5mm 的筛等。

3. 操作步骤

（1）取代表性天然含水率试样或过 0.5mm 筛的代表性风干试样 100g，放在盛土皿中加纯水拌匀，盖上湿布，湿润静置过夜。

（2）将制备好的试样在手中揉捏至不沾手，然后将试样捏扁，若出现裂缝，则表示其含水率已接近塑限。

（3）取接近塑限含水率的试样 8～10g，先用手捏成手指大小的土团（椭圆形或球形），然后再放在毛玻璃上用手掌轻轻滚搓，滚搓时应以手掌均匀施压于土条上，不得使土条在毛玻璃板上无力滚动，在任何情况下土条不得有空心现象，土条长度不宜大于手掌宽度，在滚搓时不得从手掌下任何一边脱出。

（4）当土条搓至 3mm 直径时，表面产生许多裂缝，并开始断裂，此时试样的含水率即为塑限。若土条搓至 3mm 直径时，仍未产生裂缝或断裂，表示试样的含水率高于塑限；或者土条直径在大于 3mm 时已开始断裂，表示试样的含水率低于塑限，都应重新取样进行实验。

（5）取直径 3mm 且有裂缝的土条 3～5g，放入称量盒内，盖紧盒盖，测定土条含水率。

4. 成果整理

按式（4.4）计算塑限，即

$$w_P = \frac{m_2 - m_1}{m_1 - m_0} \tag{4.4}$$

式中 w_P——塑限，%，精确至 0.1%；

m_1——干土加称量盒质量，g；

m_2——湿土加称量盒质量，g；

m_0——称量盒质量，g。

塑限实验需进行两次平行实验测定，并取其算术平均值，以%表示。其允许平行差值：高塑限土小于或等于 2%，低塑限土小于或等于 1%。

5. 注意事项

搓滚土条时必须用力均匀，以手掌轻压，不得做无压滚动，以防止土条产生中空现象。在搓条前应对土样经过充分的揉捏。

以上实验的实验记录表格见“土力学实验报告”中的相关实验部分。

第5章

砂的相对密实度实验

5.1 实验原理

5.1.1 砂密实度的工程意义

砂的密实度对其工程性质具有重要的影响。密实的砂土具有较高的强度和较低的压缩性，是良好的建筑物地基；在震动情况下液化的可能性小；但松散的砂土，尤其是饱和的松散砂土，不仅强度低，且水稳定性很差，容易产生流砂、液化等工程事故。相对密度是砂土紧密程度的指标，对于建筑物和地基的稳定性，特别是在抗震稳定性方面具有重要的意义。相对密实度是无凝聚粗粒土紧密程度的指标。砂土的紧密程度不能仅从它的孔隙比的大小来衡量，对于颗粒级配、形状及不均匀系数不同的两种砂土，即使孔隙比完全相同，其紧密程度也可能有很大差别。松紧程度相同的两种砂土，孔隙比可能相差悬殊。发生上述现象的主要原因是不同的砂土，在各自最紧和最松状态下的最大和最小孔隙比不同。因此，需要根据砂土的孔隙比与极限孔隙比的相对关系来表示。相对密实度实验中的3个参数，即最大干密度、最小干密度及天然干密度对相对密实度值均很敏感。根据《土工试验方法标准》（GB/T 50123—1999）规定，本实验方法运用于粒径不大于5mm的土，且粒径2～5mm的试样质量不大于试样总质量的15%。

5.1.2 砂的相对密实度

砂的密实程度并不完全取决于孔隙比，而在很大程度上还取决于土的级配情况。粒径级配不同的砂土，即使具有相同的孔隙比，但由于颗粒大小不同、颗粒排列不同，所处的密实状态也会有所不同。为了同时考虑孔隙比和级配的影响，引入砂的相对密实度的概念。

当砂土处于最密实状态时，其孔隙比称为最小孔隙比；而砂土处于最疏松状态时的孔隙比则称为最大孔隙比。有关实验标准中规定了一定的方法测定砂土的最小孔隙比和最大孔隙比，然后可按式（5.1）计算砂土的相对密实度，即

$$D_r = \frac{e_{max} - e}{e_{max} - e_{min}} \tag{5.1}$$

式中　D_r——土的相对密实度；

e_{max}——土的最大孔隙比；

e_{min}——土的最小孔隙比；

e——土的天然孔隙比。

由相对密度定义可知，当 $D_r=1$ 时，$e=e_{min}$，表示无黏性土处于最紧密状态，当 $D_r=0$ 时，$e=e_{max}$，表示无黏性土处于最疏松状态，因此，在工程中，用相对密度对无黏性土状态进行划分：$D_r>0.67$ 密实；$0.33<D_r\leqslant0.67$ 中密；$0<D_r\leqslant0.33$ 松散。

5.2　实验方法

5.2.1　实验目的

无黏土的密实度是反映其工程性质的主要指标，处于密实状态时，强度较高，压缩性较小，可作为良好的天然地基；呈松散状态时，强度较低，压缩性较大，为不良地基。而相对密度是判定无黏土密实状态的主要指标。

本实验的目的是测定无黏土的相对密度，并由此判定所处的密实状态。砂的最小干密度实验宜采用漏斗法和量筒法，砂的最大干密度实验采用振动锤击法。本实验必须进行两次平行测定，两次测定的密度差值不得大于 0.03g/cm³，取两次测量值的平均值。

5.2.2　仪器设备

（1）量筒：容积 500mL 和 1000mL，后者内径应大于 60mm。

（2）长颈漏斗：颈管的内径为 1.2cm，颈口应磨平。

（3）锥形塞：直径为 1.5cm 的圆锥体，焊接在铁杆上。

（4）砂面拂平器：十字形金属平面焊接在铜杆下端，如图 5.1 所示。

（5）金属圆筒：容积 250mL，内径为 5cm；容积 1000mL，内径为 10cm，高度均为 12.7cm，附护筒。

（6）振动叉，如图 5.2 所示。

（7）击锤：锤质量 1.25kg，落高 15cm，锤直径 5cm，如图 5.3 所示。

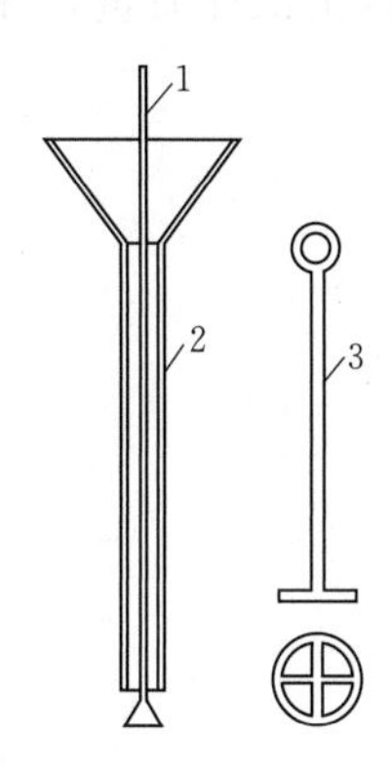

图 5.1　漏斗及拂平器

—锥形塞；2—长颈漏斗；3—砂面拂平器

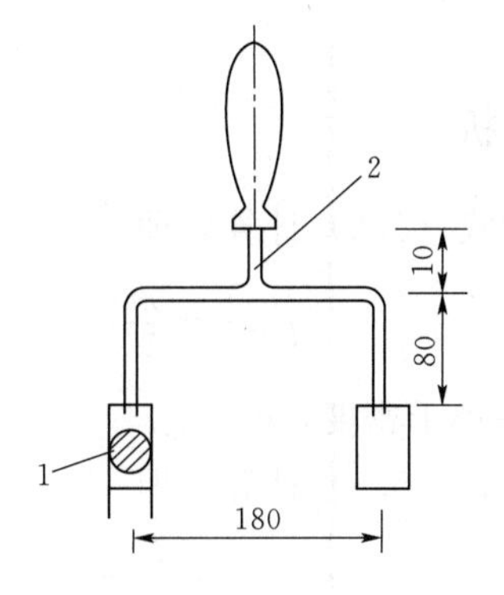

图 5.2　振动叉(单位：mm)

1—击锤；2—音叉

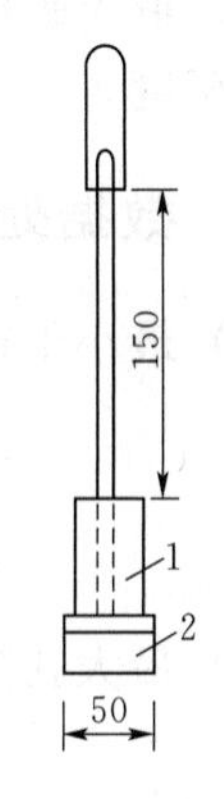

图 5.3　击锤(单位：mm)

1—击锤；2—锤座

5.2.3　实验内容及步骤

1. 最大孔隙比实验测量步骤

目前国际上最大孔隙比即最小干密度的测定方法一般用漏斗法。该法是用小管径控制砂样流量，使其均匀缓慢地落入量筒，以达到最疏松的堆积。由于受漏斗管径的限制，有些粗颗粒受到阻塞，加大管径又不易控制砂样的缓慢流出，故此法适用于小颗粒的砂样。在进行漏斗法实验的同时，可采用量筒倒转法进行补充实验，测得最疏松状态的干密度，取其最小值。

（1）将锥形塞杯自长颈漏斗下口穿入，并向上提起，使锥底堵住漏斗管口，一并放入1000mL的量筒内，使其下端与量筒底接触。

（2）称取烘干的代表性试样700g，均匀缓慢地倒入漏斗中，将漏斗和锥形塞杆同时提高，移动塞杆，使锥体略离开管口，管口应经常保持高出砂面1～2cm，使试样缓慢且均匀分布地落入量筒中。

（3）试样全部落入量筒后，取出漏斗和锥形塞，用砂面拂平器将砂面拂平，测记试样体积，估读至5mL。

注：若试样中不含大于2mm的颗粒时，可取试样400g用500mL的量筒进行实验。

（4）用手掌或橡皮板堵住量筒口，将量筒倒转并缓慢地转回到原来位置，重复数次，记下试样在量筒内所占体积的最大值，估读至5mL。

（5）取上述两种方法测得的较大体积值，计算最大孔隙比。

2. 砂的最小孔隙比实验

目前国际上最小孔隙比即最大干密度的测定尚无统一方法，但是采用振动台法较多。通过大量实验表明，振动锤击法能求得最大的密度，在振击时，落锤应提高到规定高度，并自由下落，在水平振击时，容器周围应均有相等数量的振击点。

（1）取代表性试样2000g，拌匀，分3次倒入金属圆筒进行振击，每层试样宜为圆筒容积的1/3，试样倒入筒后用振动叉以往返150～200次/min的速度敲打圆周两侧，并在同一时间内用击锤锤击试样表面，速度为30～60次/min，直至试样体积不变为止。如此重复第二层和第三层。

（2）取下护筒，刮平试样，称圆筒和试样的总质量，计算出试样质量，并得出最大干密度。

5.2.4　数据处理及分析

（1）最小干密度应按式（5.2）计算，即

$$\rho_{d\min} = \frac{m_d}{V_d} \tag{5.2}$$

式中　$\rho_{d\min}$——试样的最小干密度，g/cm³。

（2）最大孔隙比应按式（5.3）计算，即

$$e_{\max} = \frac{\rho_w d_s}{\rho_{d\min}} - 1 \tag{5.3}$$

式中　$e_{\max}$——试样的最大孔隙比。

（3）最大干密度应按式（5.4）计算，即

$$\rho_{dmax} = \frac{m_d}{V_d} \tag{5.4}$$

式中 ρ_{dmax}——试样的最小干密度，g/cm³。

（4）最小孔隙比应按式（5.5）计算，即

$$e_{min} = \frac{\rho_w d_s}{\rho_{dmin}} - 1 \tag{5.5}$$

式中 e_{min}——试样的最小孔隙比。

（5）砂的相对密度应按式（5.6）计算，即

$$D_r = \frac{e_{max} - e_0}{e_{max} - e_{min}}$$

或

$$D_r = \frac{\rho_{dmax}(\rho_d - \rho_{dmin})}{\rho_d(\rho_{dmax} - \rho_{dmin})} \tag{5.6}$$

式中 e_0——砂的天然孔隙比；

D_r——砂的相对密度；

ρ_d——天然干密度，g/cm³。

（6）相关记录表格见“土力学实验报告”中实验五的表1。

第6章

击实实验

6.1 实验原理

一定的压实能量下土最容易压实，并能达到最大干密实时的含水率，称为土的最优含水率（或称最佳含水率），用 w_{opt} 表示。相对应的干密度叫做最大干密度，以 ρ_{dmax} 表示。土的最优含水率可在实验室内进行击实实验测得。实验时将同一种土，配制成若干份不同含水率的试样，用同样的击实能分别对每一份试样进行击实实验的测定各试样击实后的含水率 w 和干密度 ρ_d，从而绘制含水量与干密度关系曲线，称为击实曲线。当含水率较低时，随着含水率的增大，土的干密度也逐渐增大，表明压实效果逐步提高，当含水率超过某一限值 w_{opt} 时，干密度则随着含水率增大而减小，即压实效果下降。这说明土的压实效果随含水率的变化而变化，并在击实曲线上出现一个干密度峰值（即最大干密度 ρ_{dmax}），这个峰值的含水率就是最优含水率 w_{opt}。

具有最优含水率的土，其压实效果最好。这是因为含水率较小时，土中水主要是强结合水，土粒周围的结合水膜很薄，使颗粒间具有很大的分子引力，阻止颗粒移动；压实就比较困难，当含水率适当增大时，土中结合水膜变厚，土粒之间的连接力减弱而使土粒易于移动，压实效果就变好，但当含水率继续增大，以致土中出现了自由水，击实时孔隙中过多的水分不易立即排出，势必阻止土粒的靠拢，所以压实效果反而下降。最优含水率 w_{opt} 约与土的塑限 w_P 相近，大致为 $w_{opt}=w_P\pm(2\%\sim3\%)$。填土中所含的黏土矿物越多，则最优含水率越大。

土的压实特性与土的组成结构、土粒的表面现象、毛细管压力、孔隙水和孔隙气压力等均有关系，所以影响因素复杂。压实作用使土块变形和结构调整并密实，在松散湿土的含水率处于偏干状态时，由于粒间引力使土保持比较疏松的凝聚结构，土中孔隙大都相互连通，水少而气多。因此，在一定的外部压实功能作用下，虽然土孔隙中气体易被排出，密度可以增大，但由于较薄的强结合水水膜润滑作用不明显，以及外部功能不足以克服粒间引力，土粒相对移动便不显著，所以压实效果就比较差。当含水率逐渐加大时，水膜变厚、土块变软，粒间引力减弱，施以外部压实功能则土粒移动，加上水膜的润滑作用，压实效果渐佳。在最佳含水率附近时，土中所含的水量最有利于土粒受击时发生相对移动，以致达到最大干密度；当含水率再增加到偏湿状态时，孔隙中出现了自由水，击实时不可能使土中多余的水和气体排出，而孔隙压力升高却更为显著，抵消了部分击实功，击实功效反而下降。在排水不畅的情况下，经过多次反复击实，甚至会导致土体密度不加大而土体结构被破坏的结果，出现工程上的“橡皮土”现象。

6.2 实验方法

6.2.1 实验目的

本实验的目的是用标准的击实法，在一定击实次数下测定土的干密度与含水量的关系，从而确定土的最大干密度和最优含水量，以确定土的压实性质。该实验分为轻型击实实验和重型击实实验。轻型击实实验适用于粒径小于5mm的黏性土，采用标准击实仪，其单位体积击实功能为592.2kJ/m³；重型击实实验适用于粒径小于20mm的砾质土，其单位体积击实功能为2684.9kJ/m³。学生教学实验选用轻型击实实验，击实实验是测定试样在标准击实功作用下含水率与干密度之间的关系，从而确定该试样的最优含水率和最大干密度。当试样中粒径大于各方法相应最大粒径5mm、20mm或40mm的颗粒质量占总质量的5%～30%时，其最大干密度和最优含水率应进行校正。

6.2.2 仪器设备

(1) 击实筒有轻型和重型之分，如图6.1所示。学生用轻型击实仪击筒容量为947.4cm³，锤重2.5kg，落距为305mm。

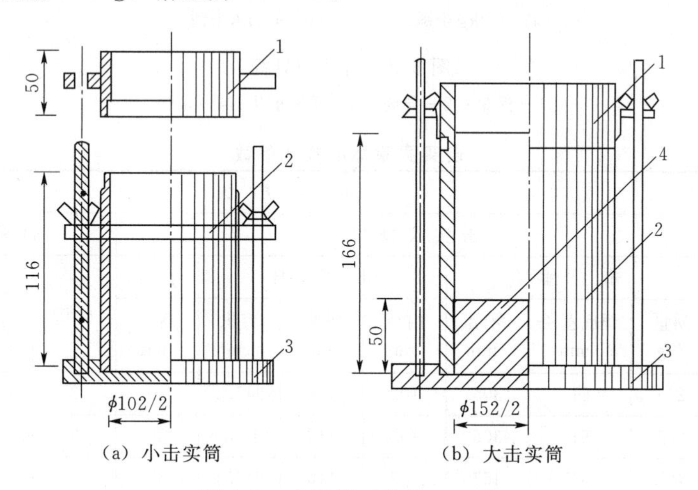

图6.1 击实筒（单位：mm）

1—护筒；2—击实筒；3—底板；4—垫块

(2) 天平：称量200g，最小分度值0.01g；称量2kg，最小分度值0.1g。

(3) 台秤：称量10kg，最小分度值5g。

(4) 标准筛：孔径5mm。

(5) 其他：螺旋式推土器、削土刀、称量盒、搪瓷盘、喷水器、碎土设备、轻机油。

下面介绍各仪器设备的结构。

(1) 击实筒。钢制圆柱形筒，尺寸应符合表6.1的规定。该筒配有钢护筒、底板和垫块，见图6.1。

(2) 击锤。击锤必须配备导筒，锤与导筒之间要有相应的间隙，使锤能自由下落，并设有排气孔，见图6.2。击锤可用人工操作或机械操作，机械操作的击锤必须有控制落距的跟踪装置和锤击点按一定角度均匀分布的装置。

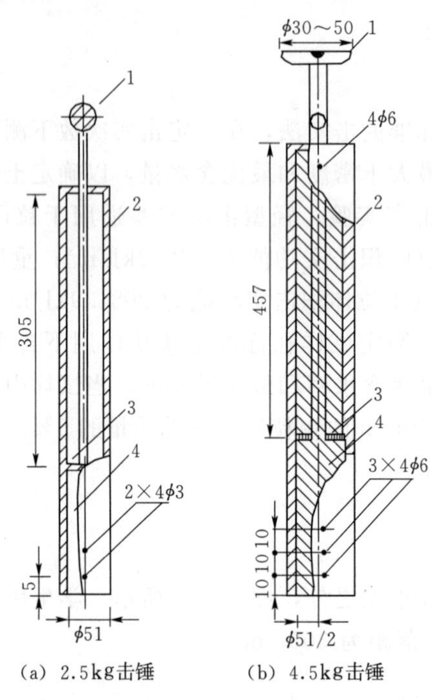

图6.2 击锤与导筒

1—提手；2—导筒；3—硬橡皮垫；4—击锤

表6.1 **击实实验标准技术参数**

实验类型	编号	实验方法									
		击实仪规格							试验条件		
		击锤			击实筒			护筒	层数	每层击数	最大粒径/mm
		质量/kg	锤底直径/mm	落距/mm	内径/mm	筒高/mm	容积/cm³	高度/mm			
轻型	Q_1	2.5	51	305	102	116	947.4	50	3	25	5
	Q_2	2.5	51	305	152	116	2103.9	50	3	56	20
重型	Z_1	4.5	51	457	102	116	947.4	50	5	25	5
	Z_2	4.5	51	457	152	116	2103.9	50	5	56	20
	Z_3	4.5	51	457	152	116	2103.9	50	3	94	40

注 1. Q_1、Q_2、Z_1、Z_2、Z_3分别称为轻1、轻2、重1、重2、重3。

2. Q_2、Z_2、Z_3筒高为筒内净高。

6.2.3 操作步骤

1. 试样制备

一般分为干法制备和湿法制备（本步骤在实验室完成）。

（1）干法制备。将具有代表性的风干土样或在低于60℃温度下烘干的土样（土样量不少于20kg），放在橡皮板上用木碾碾散，过5mm筛，筛下土样拌匀，测定土样的风干含水量 w_0，其中应有两个含水率大于塑限，两个含水率小于塑限，一个含水率接近土塑限，并按式（6.1）计算应加水量，即

$$m_w = \left(\frac{m}{1+0.01w_0}\right)\times 0.01(w-w_0) \tag{6.1}$$

式中 m_w——土样所需加水质量，g；

m——风干含水率时的土样质量，g；

w_0——风干含水率，%；

w——土样所要求的含水率，%。

（2）湿法制备。取天然含水率的代表性土样（轻型为20kg）碾散，过5mm筛，将筛下土样拌匀，分别风干或加水到所要求的不同含水率。制备试样时必须使土样中含水量分布均匀。

2. 分层击实试样

（1）将击实仪放在坚实的地面上，在击实筒内壁和底板涂一薄层润滑油，连接好击实筒与底板，安装好护筒。检查仪器各部件及配套设备的性能是否正常，并做好记录。

（2）准备好击实筒和击锤，把击实筒固定于底板上，检查各部分螺钉接头是否完好，筒与底板是否接触好，螺钉是否拧紧，击实筒底面和筒内壁需涂少许润滑油。

（3）击实筒连底板放在坚实地面上，将制备的土样分3层放入击实筒内，每装一层击实一层，每层25击。如土系用于中小型堤坝工程，则可用每层15击。每层的装土及击实方法如下。

1）取制备好的试样600～800g（使击实后的高度略高于筒高的1/3）倒入筒内，整平其表面，按25击（或15击）击数进行击实。

2）击实时提起击锤与导筒顶接触（落高为305mm）后，使其自由铅直下落，每次锤击时应挪动击锤，使锤迹均匀分布于土面。

3）击完第一层后，安装护筒，把土面刨成毛面。

4）重复上述步骤1）、步骤2）进行第二层及第三层的击实。击实后高出击实筒的余土高度不得大于6mm。

3. 击实样脱模

用削土刀小心沿护筒内壁与土的接触面划开，转动并取下护筒（注意勿将击实筒内土样带出），齐筒顶细心削平试样，拆除底板。如试样底面超出筒外，也应削平。然后擦净筒外壁，用台秤称出筒加土重，称重准确至1g。用推土器推出筒内试样，从试样中心不同位置处取两小块各为15～30g的土，测定其含水量，计算准确至0.1%，其平行误差不得超过1%。

按步骤2、步骤3进行其余含水量下土的击实和测定工作。

6.2.4 实验结果整理

1. 计算

试样含水率 w、按式（6.2）计算击实后各试样的含水率，即

$$w=\left(\frac{m}{m_d}-1\right)\times 100\% \tag{6.2}$$

式中　w——含水率，1%；

m——湿土质量，g；

m_d——干土质量，g。

击实后各试样的干密度为

$$\rho_d=\frac{\rho}{1+0.01w} \tag{6.3}$$

式中　ρ_d——干密度，g/cm^3；

ρ——湿密度，g/cm^3；

w——含水率，%。

计算土的饱和含水率，即

$$w_{sat}=\left(\frac{\rho_w}{\rho_d}-\frac{1}{d_s}\right)\times 100\% \tag{6.4}$$

式中　w_{sat}——饱和含水率，%；

d_s——土粒相对密度；

ρ_w——水的密度，g/cm^3。

2. 制图

以干密度为纵坐标、含水率为横坐标，绘制干密度与含水率的关系曲线。曲线上峰值点的纵、横坐标分别代表土的最大干密度和最优含水率，如图 6.3 所示。如果曲线不能给出峰值点，ρ_d- w 关系曲线应进行补点实验。计算数个干密度下土的饱和含水率。

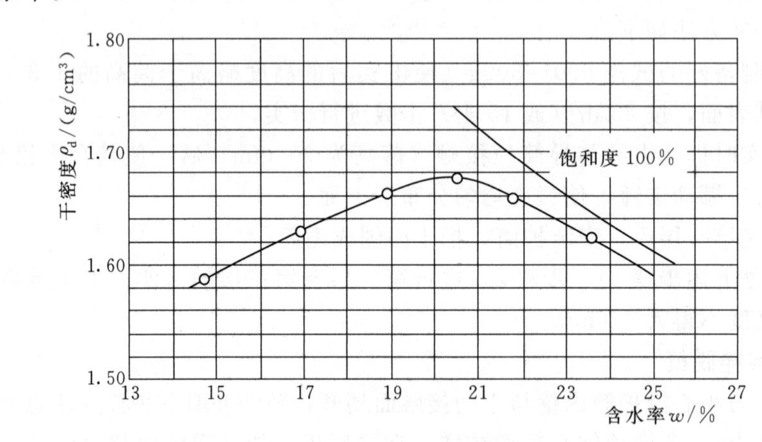

图 6.3　细粒土击实曲线

计算校正，轻型击实实验中，当粒径大于 5mm 的颗粒含量小于 30%时，应按式（6.5）计算校正后的最大干密度，即

$$\rho'_{dmax}=\frac{1}{\dfrac{1-\rho}{\rho_{dmax}}+\dfrac{P}{d_{s2}\rho_w}} \tag{6.5}$$

式中　ρ'_{dmax}——校正后的最大干密度，g/cm^3；

ρ_{dmax}——粒径小于 5mm 试样的最大干密度，g/cm^3；

ρ_w——水的密度，g/cm^3；

P——粒径大于 5mm 颗粒的含量（用小数表示）；

d_{s2}——粒径大于 5mm 颗粒的干密度，计算至 0.01g/cm^3。

6.2.5 实验影响因素

影响击实的因素很多，但最重要的是土的性质、含水量和击实功能。

1. 土的性质

土是固相、液相和气相的三相体，即以土粒为骨架、以水和气体占据颗粒间的孔隙。当采用压实机械对土施加碾压时，土颗粒彼此挤紧，孔隙减小，顺序重新排列，形成新的密实体，粗粒土之间摩擦和咬合增强，细粒土之间的分子引力增大，从而土的强度和稳定性都得以提高。在同一压实功能作用下，含粗粒越多的土，其最大干容重越大，而最佳含水量越小，即随着粗粒土的增多，击实曲线的峰点越向左上方移动。土的颗粒级配对压实效果也有影响。颗粒级配越均匀，压实曲线的峰值范围就越宽广而平缓；对于黏性土，压实效果与其中的黏土矿物成分含量有关；添加木质素和铁基材料可改善土的压实效果。砂性土也可用类似黏性土的方法进行实验。干砂在压力与振动作用下容易密实；稍湿的砂土，因有毛细压力作用使砂土互相靠紧，阻止颗粒移动，击实效果不好；饱和砂土，毛细压力消失，击实效果良好。

2. 含水量

含水量的大小对击实效果的影响显著。可以这样来说明：当含水量较小时，水处于强结合水状态，土粒之间摩擦力、黏结力都很大，土粒的相对移动有困难，因而不易被击实。当含水量增加时，水膜变厚，土块变软，摩擦力和黏结力也减弱，土粒之间彼此容易移动。故随着含水率增大，土的击实干密度增大，至最优含水率时，干密度达到最大值。当含水率超过最优含水率后，水所占据的体积增大，限制了颗粒的进一步接近，含水率越大水占据的体积越大，颗粒能够占据的体积越小，因而干密度逐渐变小。由此可见，含水率不同，则改变了土中颗粒间的作用力，并改变了土的结构与状态，从而在一定的击实功能下，改变着击实效果。实验统计证明，最优含水率 w_{op} 与土的塑限 w_P 有关，大致为 $w_{op}=w_P+2$。土中黏土矿物含量大，则最优含水率越大。

3. 压实功能的影响

夯击的击实功能与夯锤的重量、落高、夯击次数以及被夯击土的厚度等有关；碾压的压实功能则与碾压机具的重量、接触面积、碾压遍数以及土层的厚度等有关。

4. 有机质对土的击实效果的影响

因为有机质亲水性强，不易将土击实到较大的干密度，且能使土质恶化。

5. 土的颗粒级配的影响

在同类土中，土的颗粒级配对土的压实效果影响很大，颗粒级配不均匀的土容易压实，均匀的不易压实。这是因为级配均匀的土中较粗颗粒形成的孔隙很少有细颗粒去充填。

注意事项如下：

(1) 实验用土，一般采用风干土做实验，也有采用烘干土做实验。

(2) 加水及湿润，加水方法有两种，即体积控制法和称重控制法，其中以称重控制法效果较好。洒水时应均匀，浸润时间应符合有关规定。

(3) 两层交接面处的土应刨毛，每筒土样击实完成后上下面都要保持完整，不能有空洞或缺角现象，击实完成后，超出击实筒顶的试样高度应小于6mm。

第7章

土的渗透实验

7.1 实验原理

土是一种碎散的多孔介质，其孔隙在空间互相连通。当饱和土中的两点存在压力差时，水在土的孔隙中从压力高的点向压力低的点流动。水在土体孔隙中流动的现象称为渗流。土具有被水等液体透过的性质称为土的渗透性。土工建筑物及地基由于渗流作用而出现的变形或破坏称为渗透变形或渗透破坏。渗透变形是建筑物发生破坏的常见类型。

土体中空隙的形状和大小是极不规则的，因而水在土体空隙中的渗透是一种十分复杂的现象，由于土体中的空隙一般非常微小，水在土体中流动时的黏滞阻力很大，流速缓慢，因此，其流动状态大多属于层流。岩土工程的很多事故均与水有关，水对土的影响是一个绝对不可忽视的问题。

(1) 土是具有连续孔隙的多孔介质，与其他所有材料的物理性质常数的变化范围相比，土的渗透性的变化范围要大得多。实际上，干净砾石的渗透系数k值可达30cm/s，纯黏土的k值可以小于10^{-9}cm/s，相差可达10^{10}倍以上。其他物理性质参数变化没有这么大。

(2) 土的3个主要力学性质即强度、变形和渗透性之间，有着密切的相互关系。在土力学理论中，用有效应力原理将三者有机地联系在一起，形成一个完整的理论体系。因此，渗透性的研究已不限于渗流问题自身的范畴。例如，控制土在荷重下变形的时间过程的渗透固结阶段，其变形速率就取决于土的渗透性；用有效应力原理研究土的强度和稳定性时，土的孔隙压力消散和有效应力的增长控制着土体强度随时间而增长的过程，而孔隙压力消散速度又主要取决于土的渗透性、压缩性和排水条件。在无黏性土的动力稳定性和振动液化的实验研究中，也发现其他条件相同时，渗透性小的土比渗透性大的土更易于液化。

(3) 土木工程各个领域内许多课题都与土的渗透性有密切关系。水在土体中渗透，一方面会引起水量损失（如水库），影响工程效益；另一方面会导致土体内部应力状态的变化，如基坑开挖可能会造成基坑坑壁失稳，堤坝的管涌、流砂等现象，带来施工条件恶化或者原有建筑物破坏。因此，通过实验方法对土的渗透特性进行研究具有重要的意义。

土中水的渗透规律可用达西定律描述：在层流状态的渗流中，渗透速度v与水

力坡降 i 的一次方成正比，并与土的性质有关。渗透系数 k 是反映土的透水性能的比例系数。

其表示为

$$Q = k\frac{h}{L}At \tag{7.1}$$

式中　A——渗流经过土样的断面积，cm^2；

L——渗流长度，cm；

t——渗流时间，s；

h——上游进水与下游溢水的水头差，cm；

Q——时间 t 内的渗透流量，cm^3。

达西定律表明：①在层流状态的渗流中，渗流速度 v 与水力坡降 i 的一次方成正比，并与土的性质有关，或砂土的渗透速度与水力坡降呈线性关系；②对于密实的黏土，由于吸着水具有较大的黏滞阻力，只有当水力坡降达到某一数值，克服了吸着水的黏滞阻力以后才能发生渗透。因此，对于砂土，达西定律是适应的，而对更细的黏土，只有当水力梯度较大时才适用，即存在起始水力梯度问题。测定土的渗透系数的方法，室内常用的实验为常水头渗透实验和变水头渗透实验。现场渗透系数的测量可通过抽水实验、注水实验及双环渗透实验等。在达西定律的表达式中，采用了以下两个基本假设。

(1) 土试样断面内，仅颗粒骨架间的孔隙是渗水的，而沿试样长度的各个断面，其孔隙大小和分布是不均匀的。达西采用了以整个土样断面积计的假想渗流速度，或单位时间内土样通过单位总面积的流量，而不是土样孔隙流体的真正流速。

(2) 土中水的实际流程是弯曲的，比试样长度大得多。达西考虑了以试样长度计的平均水力梯度，而不是局部的真正水力梯度。

这样处理就避免了微观流体力学分析上的困难，得出一种统计平均值，基本上是经验性的宏观分析，但不影响其理论和实用价值，故一直沿用至今。由于土中的孔隙一般非常微小，在多数情况下水在孔隙中流动时的黏滞阻力很大、流速缓慢，因此，其流动状态大多属于层流（即水流线互相平行流动）范围。此时土中水的渗流规律符合达西定律，所以达西定律也称层流渗透定律。但以下两种情况被认为超出达西定律的适用范围：一种情况是在粗粒土（如砾、卵石等）中的渗流（如堆石体中的渗流），且水力梯度较大时，土中水的流动已不再是层流，而是紊流。这时，达西定律不再适用，渗流速度 v 与水力梯度 i 之间的关系不再保持直线而变为次线性的曲线关系，层流与紊流的界限，即为达西定律适用的上限。该上限值目前尚无明确的方法确定。不少学者曾主张用临界雷诺数 Re 作为确定达西定律上限的指标。

另一种情况是发生在黏性很强的致密黏土中。不少学者对原状黏土所进行的实验表明，这类土的渗透特征也偏离达西定律。截距 i_0 为起始水力梯度。这时，达西定律可修改为

$$v = k \times (i - i_0) \tag{7.2}$$

当水力梯度很小，$i < i_0$ 时，没有渗流发生。不少学者对此现象作以下解释：密实黏土颗粒的外围具有较厚的结合水膜，它占据了土体内部的过水通道，渗流只

有在较大的水力梯度作用下，挤开结合水膜的堵塞才能发生。起始水力梯度是用以克服结合水膜阻力所消耗的能量。就是达西定律适用的下限。

7.2 常水头渗透实验

7.2.1 实验目的

渗透是液体在多孔介质中运动的现象。土的渗透性是由于骨架颗粒之间存在孔隙构成水的通道所致。渗透系数 k 是综合反映土体渗透能力的一个指标，其数值的正确确定对渗透计算有着非常重要的意义。影响渗透系数大小的因素很多，主要取决于土体颗粒的形状、大小、不均匀系数和水的黏滞性等，通常可通过实验方法或经验估算法来确定 k 值。通过实验手段测定土的渗透系数 k，以便了解土的渗透性能大小，并用于土的渗透计算和供建造土坝时选土料之用。渗透系数是表达这一现象的定量指标。实验圆筒内径应大于试样最大粒径 10 倍。

7.2.2 仪器设备

（1）70 型渗透仪，如图 7.1 所示。

（2）其他：木击锤、秒表、天平、温度计、量杯等。

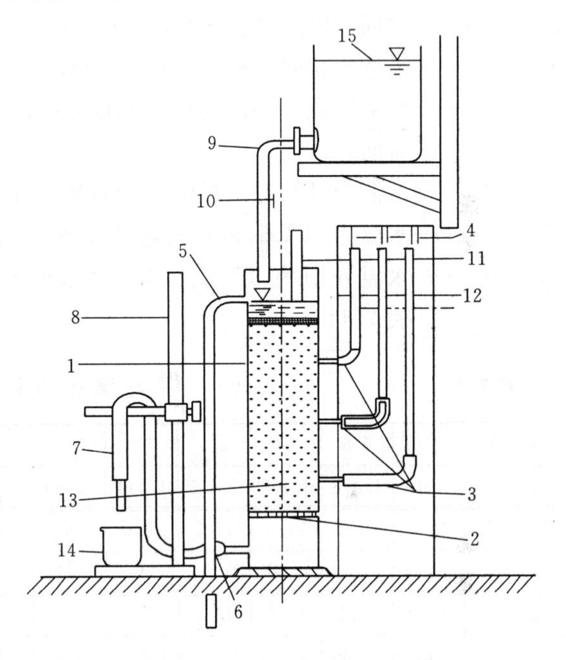

图 7.1 常水头渗透仪示意图

1—金属圆筒；2—金属孔板；3—测压孔；4—测压管；5—溢水孔；6—渗水孔；7—调节管；8—滑动支架；9—供水管；10—止水夹；11—温度计；12—砾石层；13—试样；14—量杯；15—供水瓶

7.2.3 操作步骤

（1）调节。将调节管与供水管连通，由仪器底部充水至水位略高于金属孔板，关上止水夹。

（2）取土。取风干试样 3～4kg，称量准确至 1.0g，并测定其含水率。

（3）装土。将试样分层装入仪器，每层厚 2～3cm，按照一定的干密度，用木击锤轻轻击实到一定厚度，以控制其孔隙比。

（4）饱和。每层砂样装好后，连接调节管与供水管，微开止水夹，使砂样从下至上逐渐饱和，待饱和后，关上止水夹。

（5）进水。提高调节管使其高于溢水孔，然后将调节管与供水管分开，并将供水管置于试样筒内，开止水夹，使水由上部注入筒内。

（6）降低调节管。降低调节管口使水位于试样上部 1/3 处，造成水位差。在渗透过程中，溢水孔始终有余水溢出，以保持常水位。

(7) 测记。开动秒表，用量筒自调节管接取一定时间内的渗透水量，并重复一次。测记进水与出水处的水温，取其平均值。

(8) 重复实验。降低调节管口至试样中部及下部 1/3 处，以改变水力坡降，按以上步骤重复进行测定。

7.2.4　成果整理

按式 (7.3) 计算渗透系数，即

$$k=\frac{QL}{A\Delta ht} \tag{7.3}$$

$$k_{20}=\frac{\mu_T}{\mu_{20}}k_T \tag{7.4}$$

式中　Q——时间 t 秒内的渗出水量，cm^3；

Δh——平均水位差 $(h_1+h_2)/2$，cm；

L——两测压孔中心间的试样高度，cm；

t——时间，s；

k_T——水温为 T℃时试样的渗透系数，cm/s；

k_{20}——水温为 20℃时试样的渗透系数，cm/s；

μ_T、μ_{20}——水温分别为 T℃与 20℃时水的动力黏滞系数，μ_T/μ_{20} 的比值可查表 7.1。

表 7.1　$\frac{\mu_T}{\mu_{20}}$ 与温度的关系

温度/℃	5.0	5.5	6.0	6.5	7.0	7.5	8.0	8.5	9.0	9.5	10.0	10.5
μ_T/μ_{20}	1.501	1.478	1.455	1.435	1.414	1.393	1.373	1.353	1.334	1.315	1.297	1.279
温度/℃	11.0	11.5	12.0	12.5	13.0	13.5	14.0	14.5	15.0	15.5	16.0	16.5
μ_T/μ_{20}	1.261	1.243	1.227	1.211	1.194	1.176	1.168	1.148	1.133	1.119	1.104	1.090
温度/℃	17.0	17.5	18.0	18.5	19.0	19.5	20.0	20.5	21.0	21.5	22.0	22.5
μ_T/μ_{20}	1.077	1.066	1.050	1.038	1.025	1.012	1.000	0.988	0.976	0.964	0.958	0.943
温度/℃	23.0	24.0	25.0	26.0	27.0	28.0	29.0	30.0	31.0	32.0	33.0	34.0
μ_T/μ_{20}	0.932	0.910	0.890	0.870	0.850	0.833	0.815	0.798	0.781	0.765	0.750	0.735

7.2.5　注意事项

(1) 装砂前要检查仪器的测压管及调节管是否堵塞。

(2) 干砂饱和时，必须将调节管接通水源让砂饱和。

(3) 实验时水源要直接流到试样筒里，水位与溢水孔齐平。

7.3　变水头渗透实验

7.3.1　实验目的

测定黏性土的渗透系数 k，以了解土层渗透性的大小，作为选择坝体填土料的依据。细粒土由于孔隙小，且存在黏滞水膜，若渗透压力较小，则不足以克服黏滞水膜的阻滞作用，因而必须达到某一起始比降后才能产生渗流。变水头渗透实验适用于细粒土。变水头渗透实验一般用于室内测量渗透系数较小的土壤。

7.3.2　仪器设备

（1）南 55 型渗透仪，如图 7.2 所示。

（2）其他：50mL、100mL 量筒，秒表，温度计，凡士林等。

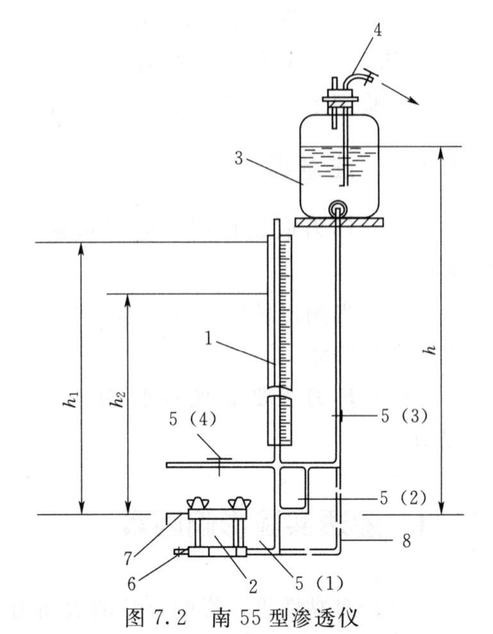

图 7.2　南 55 型渗透仪

1—变水头管；2—渗透容器；3—供水瓶；4—接水源管；5—进水管夹；6—排气管；7—出水管；8—常水头装置

7.3.3　操作步骤

（1）按工程需要，对于原状试样：根据要测定的渗透系数的方向，用环刀在垂直或平行土层面方向切取原状试样，试样两端削平即可，禁止用修土刀反复涂抹。放入饱和器内抽气饱和（或其他方法饱和）。对于扰动试样：当干密度较大（$\rho_d \geqslant 1.40\text{g/cm}^3$）时，用饱和度较低（$S_t \leqslant 80\%$）土压实或击实办法制样；当干密度较低时，使试样泡于水中饱和后，制成需要干密度的饱和试样。

（2）测定试样密度，并用削下的余土测定含水量。

（3）将容器套筒内壁涂上一薄层凡士林，然后将装有试样的环刀推入套筒，并压入止水垫圈，刮去挤出的凡士林。装好带有透水石和垫圈的上下盖，并且用螺钉拧紧，不得漏气、漏水。

（4）把装好试样的容器的进水口与供水源装置连通（打开进水口止水夹）。

（5）把渗透容器侧立，排气管向上，并打开排气管管夹，排除容器底部的空气，直至水中无夹带气泡溢出为止。关闭排气管管夹，平放好渗透容器。

（6）在不大于 200cm 水头作用下，静置某一时间，待上出水口有水溢出后开始测定。

（7）测记。使变水头管充水至需要高度后，关止水夹，开动秒表，同时测记开始水头 h_1，经过时间 t 后，再测记终了水头 h_2，同时测记实验开始与终了时的水温。如此连续测记 2～3 次后，再使变水头管水位回升至需要高度，再连续测记数次，前后需 6 次以上。

7.3.4　成果整理

按式（7.5）计算渗透系数，即

$$k_T = 2.3\frac{aL}{A(t_2 - t_1)}\lg\frac{h_1}{h_2} \tag{7.5}$$

式中　k_T——渗透系数，cm/s；

a——变水头管截面积；cm^2；

L——试样高度，cm；

h_1——渗径等于开始水头，cm；

h_2——终了水头，cm；

2.3——ln 和 lg 的换算系数。

实验记录（见“土力学实验报告”中实验七的表1和表2）。

7.3.5 注意事项

（1）环刀取试样时，应尽量避免结构扰动，并禁止用削土刀反复涂抹试样表面。

（2）当测定黏性土时，须特别注意不能允许水从环刀与土之间的孔隙中流过，以免产生假象。

（3）环刀边要套橡皮胶圈或涂一层凡士林以防漏水，透水石需要用开水浸泡。

7.4 渗透实验影响因素

（1）对黏性土，影响颗粒的表面力不同黏土矿物之间渗透系数相差极大，其渗透性大小的次序为高岭石＞伊利石＞蒙脱石；当黏土中含有可交换的钠离子越多时，其渗透性将越低。塑性指数 I_P综合反映土的颗粒大小和矿物成分，常是渗透系数的参数影响孔隙系统的构成和方向性，对黏性土影响更大的是宏观构造，天然沉积层状黏性土层，扁平状黏土颗粒常呈水平排列，常使得 $k_{水平}>k_{垂直}$。在微观结构上，当孔隙比相同时，凝聚结构将比分散结构具有更大的透水性。水的动力黏滞系数：温度越高，水的黏滞性低。渗透系数 k 的饱和度（含气量）：封闭气泡对 k 影响很大，可减少有效渗透面积，还可以堵塞孔隙的通道。因此，在实验过程中，需对所用的土样或者砂土样进行饱和处理。

（2）渗透系数是一个代表土的渗透性强弱的定量指标，也是渗透计算时必须用到的一个基本参数。影响渗透系数的主要因素有以下几个。

1）土的粒度成分和矿物成分的影响。土的颗粒大小、形状及级配，影响土中空隙大小及形状，因而影响渗透性。土粒越粗，颗粒越均匀时，渗透性就越大。砂土中含有较多粉土或黏土颗粒时，其渗透系数就大大降低。土中含有亲水性较大的黏土矿物或有机质时，也大大降低土的渗透性。

2）孔隙比对渗透系数的影响。由 $e=V_v/V_s$可知，孔隙比 e 越大，V_v越大，渗透系数就越大。而孔隙比的影响，主要决定于土体中的孔隙体积，而孔隙体积又决定于孔隙的直径大小，决定于土粒的颗粒大小和级配。

3）土的结构构造的影响。天然土层通常不是各向同性的，在渗透性方面往往也是如此。如黄土特别是湿陷性黄土，其竖直方向的渗透系数要比水平方向大得多。层状黏土常夹有薄的粉砂层，它在水平方向的渗透系数要比竖直方向大得多。

4）结合水膜厚度的影响。黏性土中若土粒的结合水膜较厚时，会阻塞土的孔隙，降低土的渗透性。

5）土中气体的影响。当土孔隙中存在密闭气泡时，会阻塞水的渗流，从而降低土的渗透性。这种密闭气泡有时是由溶解于水中的气体分离形成的，故水的含水率也影响土的渗透系数。影响因素是水温，实验表明，k 与渗透液体的容重 r_w 及黏滞系数有关；水温不同，r_w 相差不大，但黏滞系数变化较大。水温升高，黏滞系数降低，k 增大。此外，渗透水的性质对 k 值也有影响。

第 8 章

土的压缩实验

8.1 概述

土在外荷载作用下，其孔隙间的水和空气逐渐被挤出，土的骨架颗粒之间相互挤紧，封闭气泡的体积也将缩小，从而引起土层的压缩变形，土在外力作用下体积缩小的这种特性称为土的压缩性。土的压缩性通常由三部分组成：①固体土颗粒被压缩；②土中水及封闭气体被压缩；③水和气体从孔隙中被挤出。固体颗粒和水的压缩量是微不足道的，在一般压力作用下，固体颗粒和水的压缩量与土的总压缩量之比完全忽略不计。所以，土的压缩量可看作土中水和气体从孔隙中被挤出，与此同时，土颗粒相应发生移动，重新排列，靠拢挤密，从而土孔隙体积减小。在工程实践中，采用压缩系数 a 和压缩模量 E_s 等压缩指标来表征土的压缩特性。孔隙中水和气体向外排出要有一个过程。因此，土的压缩要经过一段时间才能完成。通常把这一与时间有关的压缩过程称为固结。

土的压缩曲线及有关指标，固结实验（也称压缩实验）是研究土的压缩性的基本方法。固结实验就是将天然状态下的原状土或人工制备的扰动土，制备成一定规格的土样，然后置于固结仪内，在不同荷载和在完全侧限条件下测定土的压缩变形（图 8.1）。受压前后土粒体积不变和土样横截面面积不变。土的压缩是由于孔隙体积的减小，所以土的变形常用孔隙比 e 表示。设土样原始高度为 H_0，土样截面积为 A，土样的原始孔隙比 e_0 和土颗粒体积 V_s 可表示为

$$e_0 = \frac{V_v}{V_s} = \frac{AH_0 - V_s}{V_s} \Rightarrow V_s = \frac{AH_0}{1+e_0} \tag{8.1}$$

施加荷载 ΔP_i 后，土样的稳定变形量 $S_i = H_0 - H_i$，此时土颗粒体积 V_s 也可用式（8.2）表示，即

$$V_s = \frac{A(H_0 - S_i)}{1+e_i} \tag{8.2}$$

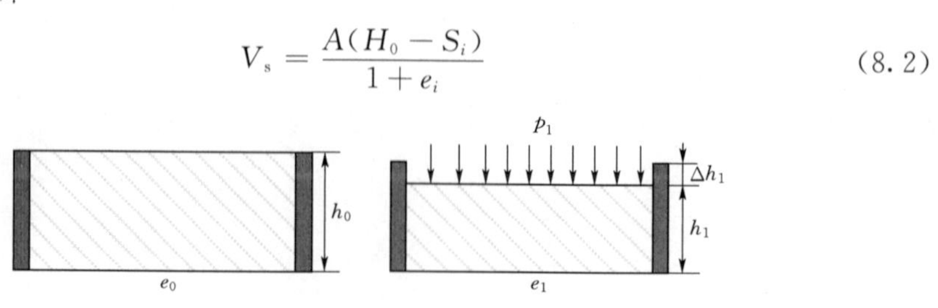

图 8.1　侧限压缩条件下体积变形

压缩前后土颗粒体积不变，则

$$\frac{AH_0}{1+e_0}=\frac{A(H_0-S_i)}{1+e_i} \tag{8.3}$$

$$e_i=1-\frac{(H_0-S_i)(1+e_0)}{H_0}=e_0-\frac{s}{H_0}(1+e_0) \tag{8.4}$$

这样，只要测定土样在各级压力 p 作用下的稳定压缩量 S 后，就可按式(8.4)算出相应的孔隙比 e，从而绘制土的压缩曲线。压缩曲线定义：压缩曲线是室内土的压缩实验成果，它是土的孔隙比与所受压力的关系曲线。压缩曲线可采用普通直角坐标绘制的各级压力与其相应的稳定孔隙比的关系曲线，简称 $e-p$ 曲线。在常规实验中，一般按 $p=50$kPa、100kPa、200kPa、300kPa、400kPa 五级加荷；而 $p=50$kPa 作为恢复土的自重状态的压力，其产生的变形量忽略不计。图 8.2 所示为典型的土体压缩曲线，从压缩曲线的形状可以看出，压力较小时曲线较陡，随压力逐渐增加，曲线逐渐变缓，这说明土在压力增量不变情况下进行压缩时，其压缩变形的增量是递减的。这是因为在侧限条件下进行压缩时，开始加压时接触不稳定的土粒首先发生位移，孔隙体积减小得很快，因而曲线的斜率比较大。随着压力的增加，进一步的压缩主要是孔隙中水与气体的挤出，当水与气体不再被挤出时，土的压缩就逐渐停止，曲线逐渐趋于平缓。

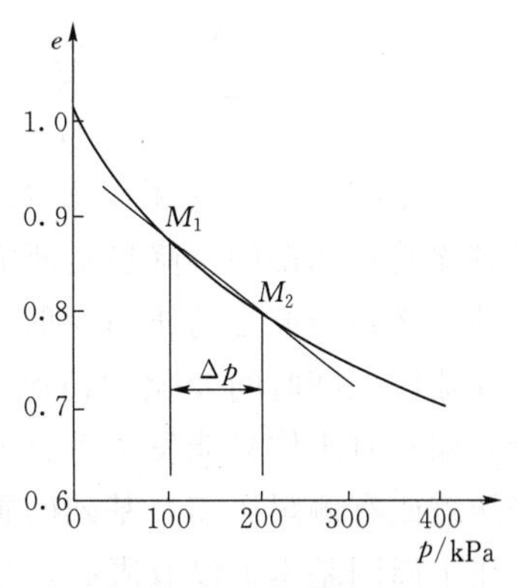

图 8.2 土的压缩曲线

压缩曲线的形状与土样的成分、结构、状态以及受力历史有关。若压缩曲线较陡，说明压力增加时孔隙比减小得多，土易变形，土的压缩性相对高；若曲线是平缓的，土不易变形，土的压缩性相对低。因此，压缩曲线的坡度可以形象地说明土的压缩性高低。

根据 $e-p$ 曲线，可确定土的压缩实验指标，常用的压缩指标有压缩系数及压缩模量。

1. 压缩系数

通常可将常规压缩实验所得的 $e-p$ 数据采用普通直角坐标绘制成 $e-p$ 曲线，如图 8.2 所示。设压力由 p_1 增至 p_2，相应的孔隙比由 e_1 减小到 e_2，当压力变化范围不大时，可将 M_1、M_2 一小段曲线用割线来代替，用割线 M_1、M_2 的斜率来表示土在这一段压力范围的压缩性。曲线上任一点的切线斜率可表示为

$$a_v=-\frac{\Delta e}{\Delta p}=-\frac{\mathrm{d}e}{\mathrm{d}p}=\frac{e_1-e_2}{p_2-p_1} \tag{8.5}$$

式中：负号表示随着压力 p 的增加，e 逐渐减小。

这个公式是土的力学性质的基本定律之一，称为压缩定律。它表明：在压力变化范围不大时，孔隙比的变化值（减小值）与压力的变化值（增加值）成正比。其比例系数称为压缩系数，用符号 a_v 表示，单位为 MPa^{-1}。

压缩系数是表示土的压缩性大小的主要指标，其值越大，表明在某压力变化范围内孔隙比减少得越多，压缩性就越高。但由图中可以看出，同一种土的压缩系数并不是常数，而是随所取压力变化范围的不同而改变。因此，评价不同类型和状态

土的压缩性大小时，必须以同一压力变化范围来比较。

在《建筑地基基础设计规范》（GB 50007—2011）中采用 $p=100\sim200\text{kPa}$ 压力区间相对应的压缩系数 $a_{1\text{-}2}$ 来评定土的压缩性：当 $a_{1\text{-}2}<0.1\text{MPa}^{-1}$ 时，属低压缩性土；当 $0.1\leqslant a_{1\text{-}2}<0.5$ 时，属中压缩性土；当 $a_{1\text{-}2}\geqslant0.5\text{MPa}^{-1}$ 时，属高压缩性土。

2. 压缩模量（侧限压缩模量）

根据压缩曲线，压缩实验除了求得压缩系数 a_v 外，还可以得到另一个重要的侧限压缩指标——侧限压缩模量，简称压缩模量，用 E_s 来表示。其定义为土在完全侧限条件下的竖向附加压应力与相应的应变增量之比值（MPa），即 $E_s=\dfrac{\Delta\sigma}{\Delta\varepsilon}$，也可表示为

$$E_s=\frac{\Delta\sigma}{\Delta\varepsilon_z}=\frac{\Delta\sigma}{\dfrac{S}{H}}=\frac{\Delta\sigma}{\dfrac{e_1-e_2}{1+e_1}}=\frac{1+e_1}{a_v},\quad 即\ E_s=\frac{1+e_0}{a_v} \tag{8.6}$$

同压缩系数 a_v 一样，压缩模量 E_s 也不是常数，而是随着压力大小而变化。为了解建筑物基础的沉降稳定所需的时间、沉降与时间的关系，以及地基的强度和稳定性，必须研究土的压缩变形量和压缩过程，即研究压力与孔隙体积的变化关系以及孔隙体积随时间变化的情况。工程实际中，土的压缩变形可能在不同条件下进行，如有时土体只能发生垂直方向变化，基本上不能向侧面膨胀，此情况称为无侧胀压缩或有侧限压缩，基础砌置较深的建筑物地基土的压缩近似此条件；又如有时受压土周围基本上没有限制，受压过程除垂直方向变形外，还将发生侧向的膨胀变形，这种情况称为有侧胀压缩或无侧限压缩。基础砌置较浅的建筑物或表面建筑（飞机场、道路等）的地基土的压缩近似此条件。各种土在不同条件下的压缩特性有较大差异，必须借助不同实验方法进行研究，目前常用室内压缩实验来研究土的压缩性，有时采用现场载荷实验。压缩实验可分为常规压缩实验和高压固结实验两类。

8.2 室内压缩实验

8.2.1 实验目的

固结实验的目的是测定一般黏性土在侧限和排水条件下，承受荷载时的稳定压缩量和固结过程，绘制孔隙比与压力的关系曲线（即压缩曲线）或沉降量与时间的关系曲线（即固结曲线），最后确定压缩系数 a_v 和压缩模量 E_s 以及固结系数 C_v 等。对于天然地基需采用原状土，对于填土则要求控制一定密度、湿度制备试样。试样应根据土的实际工作条件，在饱和或非饱和的情况下进行。如试样不经饱和，则不必测定固结过程。

8.2.2 仪器设备

（1）固结仪：包括压缩容器和加压设备两部分，图 8.3 所示的环刀面积为 50cm^2 或 30cm^2、高 2cm。

(2) 测微表：量程为10mm，精度为0.01mm。

(3) 天平：最小分度值为0.01g及0.1g各一架。

(4) 其他：毛玻璃板、滤纸、钢丝锯、秒表、烘箱、削土刀、凡士林、透水石等。

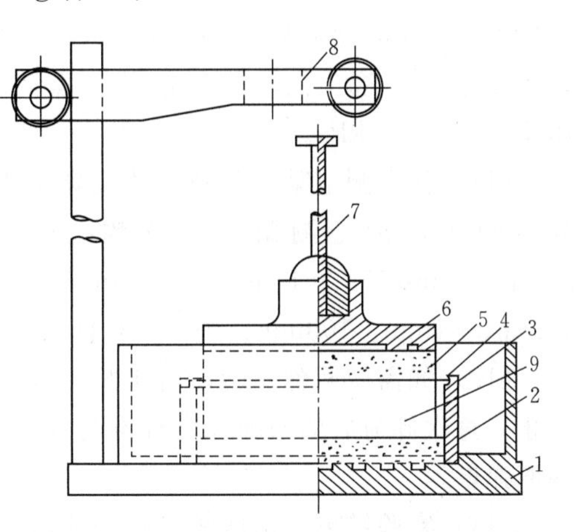

图8.3 固结仪结构示意图

1—水槽；2—护环；3—环刀；4—导环；5—透水石；6—加压上盖；7—位移计导杆；8—位移计架；9—试样

8.2.3 操作步骤

(1) 根据工程需要，取原状土或按所需密度制备的扰动土（用击实法），以环刀取样，并测定含水量。切取原状土样时，应使试样受荷方向与天然土层受荷方向一致。

(2) 擦净环刀外壁，称环刀加湿土重，准确到0.1g，计算其湿密度，并测定余土含水率。

(3) 在护环内壁涂一层凡士林，然后将带有试样的环刀放入其中。在压缩容器内顺次放透水石一块和滤纸一张，再将带有环刀的试样和护环放在容器内，注意勿使试样脱落或损坏，然后在试样上置洁净的滤纸一张和小的透水石一块，最后放进加压导环和传压盖板（注：如试样为饱和土，上下透水石和滤纸应事先浸水饱和；对非饱和状态的试样，透水石和滤纸应尽量与试样湿度接近）。

(4) 检查加压设备是否稳固、灵敏，可利用平衡锤调整杠杆横梁至水平位置。

(5) 轻轻抬起杠杆，将装好试样的压缩仪容器放在加压台的正中，使传压盖板的凹部与加压衡梁的凸头密合。然后装上测微表（注意必须在安装前学会读法），并调节其伸长距离不小于8cm，此时检查测微表是否灵敏和垂直。

(6) 为保证试样与仪器上下各部件之间接触良好，应施加1kPa预压荷载，然后调整量表，使长指针读数为零，短指针读数为整数。

(7) 加压等级一般为12.5kPa、25.0kPa、50.0kPa、100kPa、200kPa、400kPa、800kPa、1600kPa、3200kPa。最后一级的压力应大于覆土层的计算压力100～200kPa。

(8) 需要确定原状土的先期固结压力时，加压率宜小于1，可采用0.5倍或0.25倍。最后一级加压应大于1000kPa，使$e-\lg p$曲线下段出现直线段。

(9) 施加第一级压力。第一级压力的大小视土的软硬程度分别采用12.5kPa、25.0kPa或50.0kPa（学生一般采用50.0kPa；第一施加荷载应减去预加荷载）。在加荷的同时开动秒表。加荷时将砝码轻轻放到砝码盘上，避免因冲击、摇晃而使试样产生意外变形和砝码掉落伤人。

(10) 如系饱和试样，应在加第一级荷载后，立即向压缩仪容器中注满水。如系非饱和试样，则需以湿棉纱围护在传压板上面以防水蒸发。

(11) 加荷后可按下列时间测记测微表读数：10min、20min、60min、120min、

23h、24h 至压缩稳定为止。压缩稳定标准规定为每级荷载下压缩 24h（对于某些高塑性土，24h 后尚有较大的压缩变形，以每小时压缩量不大于 0.005mm 为标准）。测记读数后，施加第二级荷载。依次逐级加荷至实验终止。荷载级差不宜过大，视土的软硬程度及工程情况而定。最后一级荷载应大于土层计算压力 100～200kPa。

（12）如需测定某一荷载下的沉降速率，以求固结系数 C_v，则需在加荷后按下列时间顺序测记测微表的读数：6s、15s、1min、2min15s、4min、6min15s、9min、12min15s、16min、20min15s、25min、30min15s、36min、42min15s、49min、64min、100min、…、24h 直至稳定为止。

（13）如需做回弹实验，可于某一级荷载下压缩稳定后，逐级卸荷，直至卸完为止。每次卸荷后的回弹稳定标准与加荷压缩相同，并测记每级荷载及最后无荷时的回弹量。

（14）实验结束，迅速顺次拆去测微表，卸除砝码，取下容器，拿出护环，小心地取出带环刀的试样，如系饱和试样，应用干滤纸吸去试样两端表面的水，用烘箱测定实验后试样的含水量。

注意：学生做实验时，按教学实验时数要求在较短的加荷时间间隔（10min）顺次加 100kPa、200kPa、400kPa 的第二级至第四级荷载（注：荷载系累计数），在加每级荷载前测记测微表读数，记下最后一级荷载下的规定时间的测微表读数后，加荷工作便告完成。

8.2.4　成果整理

将计算成果填实验报告表中，作 $e-p$ 曲线。

（1）按式（8.7）计算试样的初始孔隙比 e_0，即

$$e_0 = \frac{d_s(1+w_0)}{\rho_0} - 1 \tag{8.7}$$

式中　e_0——初始孔隙比；

d_s——土粒密度，g/cm³；

ρ_0——试样初始密度（容重），g/cm³；

w_0——试样初始含水量，%。

（2）按式（8.8）计算试样中颗粒净高 h_s，即

$$h_s = \frac{h_0}{e_0+1} \tag{8.8}$$

式中　h_0——试样的起始高度，即环刀高度，mm。

（3）计算试样在任一级压力 p（kPa）作用下变形稳定后的试样总变形量 S_i，即

$$S_i = R_i - R_0 - S_{ie} \tag{8.9}$$

式中　R_0——实验前测微表初读数，mm；

R_i——试样在任一级荷载 p_i 作用下变形稳定后的测微表读数，mm；

S_{ie}——各级荷载下仪器变形量，mm（由实验室提供资料）。

（4）计算各级荷载下的孔隙比 e_i，即

$$e_i = e_0 - (1 + h_0) \frac{S_i}{1000} \tag{8.10}$$

式中 e_0——试样初始孔隙比；

h_0——试样的起始高度（即环刀高度），mm；

S_i——第 i 级荷载作用下变形稳定后的试样总变形量，mm。

（5）计算各级荷载下的压缩系数，即

$$a_{vi} = \frac{e_i - e_{i+1}}{p_{i+1} - p_i} \tag{8.11}$$

（6）计算各级及荷重范围内的压缩横量 E_s，即

$$E_s = \frac{1 + e_0}{a_{vi}} \tag{8.12}$$

在工程检测中常用的曲线为：以单位沉降量 S 为纵坐标，以压力 p 为横坐标，作单位沉降量与压力的关系（$p-S$）曲线；以孔隙比 e 为纵坐标，压力 p 为横坐标，绘制孔隙比与压力关系（$e-p$）曲线。

（7）按下述方法计算固结系数 C_v。固结系数是反映土体固结快慢的重要指标，为了计算固结度的变化或超静孔压消散过程，都需要给出固结系数。

（8）固结系数的确定方法。

1）时间平方根法。对某一压力下，以变形 d（mm）为纵坐标，时间平方根 $\sqrt{t}$ 为横坐标，绘制变形与时间平方根关系曲线 $d-\sqrt{t}$（图 8.4 中①）。延长曲线 $d-\sqrt{t}$ 开始段的直线，交纵坐标于 d_s（d_s 为理论零点），过 d_s 作另一直线②，令其横坐标为前一直线横坐标的 1.15 倍，那么后一直线与曲线交点所对应的时间的平方即为试样固结度，达 90%。对于 $U=0.9$，则可得 $\sqrt{t}=0.9\sqrt{\frac{\pi}{2}}=0.798$；然而按照理论曲线，当 $U=0.9$、$\sqrt{t}=\sqrt{0.848}=0.920$ 时，两者的横坐标之比为 $0.920/0.798=1.15$，此为所需的时间 t_{90}，该级压力下的固结系数按式（8.13）计算，即

$$C_v = \frac{0.848H^2}{t_{90}} \tag{8.13}$$

式中 C_v——固结系数，cm/s；

H——最大排水距离，等于某级压力下试样的初始和终了高度的平均值，cm。

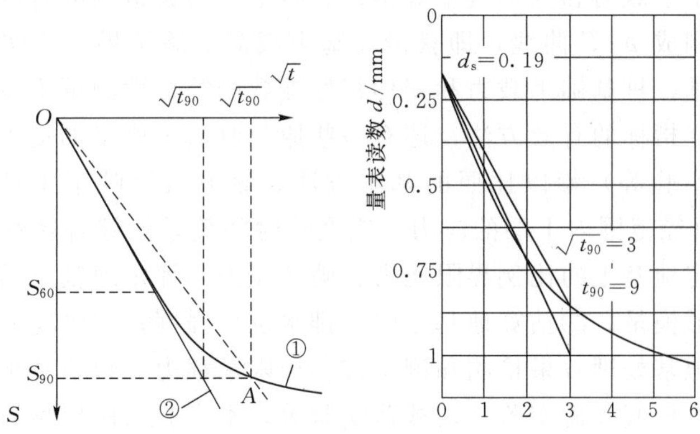

图 8.4 固结曲线（时间平方根法）

2）时间对数法。对某一级压力 p，以变形 d（mm）为纵坐标、时间的对数（$\lg t$）为横坐标，绘制变形 d（mm）与时间对数 $\lg t$ 关系曲线（图 8.5）。在曲线的开始段，任选一时间 t_1，查得相应的变形值 d_1，再取时间 $t_2=t_1/4$，查得相对应的变形值 d_2，则 $2d_2-d_1=d_{01}$；如此再选取一时间依同法求得 d_{02}、d_{03}、d_{04} 等，取其平均值为理论零点 d_s，延长 $d-\lg t$ 曲线中部的直线段和通过曲线尾部数点作一切线的交点，即为理论终点 d_{100}，则 $d_{50}=(d_0+d_{100})/2$，对应于 d_{50} 的时间即为试样固结度达 50%所需的时间 t_{50}。按照下公式计算该荷载下的固结系数 C_v。

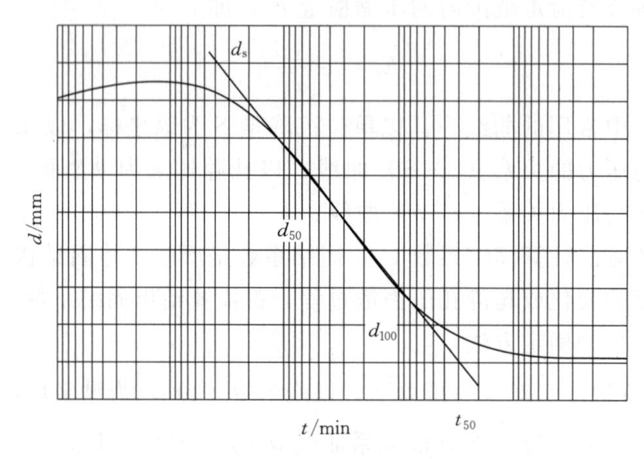

图 8.5　固结曲线（时间对数法）

某一级压力下的固结系数按式（8.14）计算，即

$$C_v=\frac{0.197H^2}{t_{50}} \tag{8.14}$$

8.3　地基土载荷实验

8.3.1　实验目的

载荷实验是在原位条件下，在工程现场或缩尺模型通过千斤顶逐级对置于地基土上的载荷板施加荷载，观测记录沉降随时间的发展以及稳定时的沉降量 S，从而确定地基土承载力和变形模量等指标。将上述实验得到的各级荷载与相应的稳定沉降量绘制成 $p-S$ 曲线，即获得地基土载荷实验结果。该实验是确定天然地基、复合地基、桩基础承载力和变形特性参数的综合性测试手段；也是确定某些特殊性土特征指标的有效方法；还有一些原位测试手段（如动力触探、静力触探、标准贯入实验等）赖以比照的基本方法。该方法反映了承载板以下 1.5～2.0 倍承载板直径范围内土层的应力—应变—时间关系的综合特性。通过载荷实验可以：①确定地基土的比例界限压力、破坏压力，评定地基土的承载力；②确定地基土的变形模量；③估算地基土的不排水抗剪强度；④确定地基土基床反力系数；⑤确定地基处理效果检测和测定桩的极限承载力。包括平板载荷实验、螺旋板载荷实验、桩基载荷实验、动载荷实验等。本实验采用模型箱内布置小型平板载荷实验。

8.3.2 实验原理

平板载荷实验是在拟建建筑场地上将一定尺寸和几何形状（方形或圆形）的刚性板，安放在被测的地基持力层上，逐级增加荷载，并测得相应的稳定沉降，直至达到地基破坏标准，由可得到荷载（p）-沉降（S）曲线（即 $p-S$ 曲线）。典型的平板载荷实验 $p-S$ 曲线可以划分为以下 3 个阶段，如图 8.6 所示。$p-S$ 曲线分析如下。

(1) 压密变形阶段。$p-S$ 曲线的开始部分往往接近于直线，主要是因为土的空隙体积被压缩引起土粒发生铅直方向为主的位移，在此阶段，地基在各级荷载作用下的变形是随时间的增加而趋向于稳定的。与直线段终点对应的荷载 P_{cr} 称为地基的比例界限荷载或地基的临塑荷载 P_{cr}，一般地基承载力设计值取接近于或稍超过此比例界限值；此阶段地基土处于弹性变形阶段。受荷载土体内任一点产生的剪应力小于土体的抗剪强度，土体的变形主要是由图 8.6 中孔隙的减小而引起，土体变形主要是竖向压缩，并随时间的增长逐渐趋于稳定。

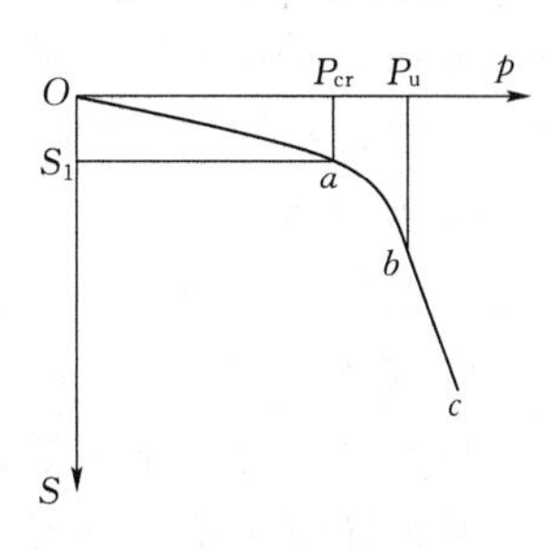

图 8.6 现场载荷实验曲线

(2) 局部剪切阶段。当压力大于 P_{cr} 而小于极限压力 P_u 时，$p-S$ 关系由直线变为曲线关系，此时地基土处于弹塑性变形阶段。曲线的斜率随压力 p 的增大而增大，土体空隙在压密变形为主的同时，地基中局部地方的剪应力超过了土体的抗剪强度引起土颗粒间的相互错动，也称为剪切变形或塑性变形，土体除了竖向压缩变形外，在承载板的边缘已有小范围土体的剪应力达到或者超过土的抗剪强度，并开始向周围土体发展，处于该阶段土体的变形由土体的竖向压缩盒土体的剪切变位引起。塑性变形区从基底边缘开始随着荷载的增大而逐渐扩展。与拐点对应的荷载为极限荷载 P_u，相当于地基整体滑移破坏时的承载力。

(3) 整体破坏阶段。当压力大于极限压力 P_u 后，即使压力不再增大，承载板仍不断下沉，土体内部形成连续的滑动面，在承载板周围土体发生隆起及环状或者放射状裂隙，此时，在滑动土体内各点的剪应力均达到或者超过土体的抗剪强度。地基中的塑性变形区扩展形成一连续的贯通滑面，土体开始向侧向挤出，此时地基的沉降量急剧增大，整个地基处于破坏状态而导致稳定性丧失。

8.3.3 仪器设备

平板载荷实验因实验土层软硬程度、压板大小和实验面深度等不同，采用的测试设备也有所不同。大体可归纳为由承压板、加荷系统、反力系统、观测系统四部分组成，其各部分机能是：加荷系统控制并稳定加荷的大小，通过反力系统反作用于承压板，承压板将荷载均匀传递给地基土，地基土的变形由观测系统测定。

1. 承压板类型和尺寸

承压板材质要求承压板可用混凝土、钢筋混凝土、钢板、铸铁板等制成，多以肋板加固的钢板为主。要求压板具有足够的刚度，不破损、不挠曲，压板底部光平，尺寸和传力重心准确，搬运和安置方便。承压板形状可加工成正方形或圆形，其中圆形承压板受力条件较好，使用最多。

2. 承压板面积

一般宜采用 0.25～0.50m^2，对均质密实的土，可采用 0.1m^2，对软土和人工填土，不应小于 0.5m^2。

3. 加荷系统

加荷系统是指通过承压板对地基施加荷载的装置。大体有：压重加荷装置，一般将规则方正或条形的钢锭、钢轨、混凝土件等重物，依次对称置放在加荷台上，逐级加荷；千斤顶加荷装置，根据实验要求，采用不同规格的手动液压千斤顶加荷，并配备不同量程的压力表或测力计控制加荷值。

4. 反力系统

一般反力系统由主梁、平台、堆载体（锚桩）等构成。

5. 量测系统

量测系统包括基准梁、位移计、磁性表座、油压表（测力环）。

其他还有天平、环刀、烘箱、实验槽、土样等。

8.3.4　实验步骤

1. 准备工作

学生应充分了解实验目的、任务、现场情况等，并对仪器设备进行熟悉和标定。

相关标准：《岩土工程勘察规范》（GB 50021—2001）、《建筑地基基础设计规范》（GB 50007—2011）、《土工试验规程》（SL 237—1999）、《公路工程地质勘察规范》（JTG C20—2011）等规范。

2. 设备安装

在模型箱内填好土后按照图 8.7 所示安装地基承载力模型。

（1）下地锚、安横梁、基准梁、挖试坑等。地锚数量为 4 个，以试坑中心为中心点对称布置。然后根据实验要求，开挖试坑至实验深度。接着安装好横梁、基准梁等。该工作由教师事先完成。

（2）放置承压板。在试坑的中心位置，根据承压板的大小铺设不超过 20mm 厚的砂垫层并找平，然后小心放置承压板。

（3）千斤顶和测力计的安装。以承压板为中心，从下往上依次放置千斤顶、测力计、垫片，并注意保持它们在一条垂直直线上。然后调整千斤顶，使整体稳定在承压板和横梁之间，形成完整的反力系统。

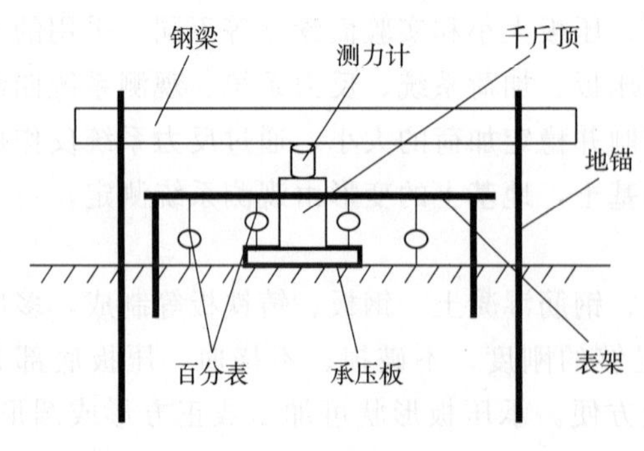

图 8.7　地基承载力模型安装示意图

（4）沉降测量元件的安装。把百分表通过磁性表座固定在基准梁上，并调整其位置，使其能准确测量承压板的沉降量。百分表数量为 4 个，在安装时，注意使其均匀分布在 4 个方向，形成完整沉降测量系统。设备安装可以参照图 8.7 所示，应自下而上进行。实验点地基应尽量平整，若不平，一般可以铺 1～2cm 的中粗砂。

3. 加载操作

有慢速法、快速法和等沉降速率法。本实验采用快速法。

(1) 加载前预压，以消除误差。

(2) 加荷等级。荷载应按等量分级施加，每级荷载增量应取实验土层预估极限荷载的 1/10～1/8，当不易预估时，可参考表 8.1 选用。

表 8.1 土层性质与载荷施加关系表

实验土层特征	每级荷载增量/kPa
软塑黏土；稍密砂土	15～25
可塑～硬塑黏性土、粉土；中密砂土	25～50
坚硬黏性土、粉土；密实砂土	50～100

(3) 通过事先标定的压力表读数与压力之间的关系，计算出预定荷载所对应的测力计百分表读数。

(4) 加荷载。按照计算的预定荷载所对应的测力计百分表读数加载，并随时观察测力计百分表指针的变动，通过千斤顶不断补压，以保证荷载的相对稳定。

(5) 沉降观测。采用慢速法，每级荷载施加后，间隔 5min、5min、10min、10min、15min、15min 测读一次沉降，以后间隔 30min 测读一次沉降，当连续 2h 每小时沉降量小于 0.1mm 时，可以认为沉降已达到相对稳定标准，可施加下一级荷载。

(6) 实验记录。每次读数完，准确记录，以保证资料的可靠性。

(7) 实验终止条件。一般以地基破坏为实验终止条件，具体可按以下现象进行判断。

1) 承压板周围土体明显隆起、侧向挤出或出现破坏性裂纹。

2) $p-S$ 曲线出现陡降阶段；在某一级荷载作用下，24h 内的沉降随时间近乎呈等速增加（不能稳定）。

3) 对黏性土出现裂纹，沉降量急剧增大，总沉降量 $S \geqslant 0.06B$（B 为承压板直径）。

4. 装置拆除

(1) 卸载时，每级压力是加载时的 2 倍。

(2) 由于此次实验并未要求记录卸载数据，所以未作详细要求。

(3) 松开油阀，拆卸装置。

8.3.5 成果整理

通过载荷实验，可以得到最直接也是最重要的是载荷实验原始记录。实验过程中不仅记录荷载—时间—沉降，还记录了其他与载荷实验相关的信息，包括载荷板尺寸、载荷点实验深度（或实验桩桩长）、千斤顶量程与型号、沉降观测仪器与型号、天气、气温等。

对现场载荷实验需做以下结果整理。

(1) 绘制 $p-S$ 曲线（$p-S$ 曲线的必要修正，如图解法或最小二乘修正法），根据载荷实验原始沉降观测记录，将（p，S）点绘在厘米坐标纸上。由于 $p-S$ 曲线的初始直线段延长线不通过原点（0，0），则需对 $p-S$ 曲线进行修正。

(2) 绘制 $S-\lg t$ 曲线。在单对数坐标纸上绘制每级荷载下的 $S-\lg t$ 曲线。注意标明坐标名称和单位。同时需要标明每根曲线的荷载等级，荷载单位用kPa。

(3) 地基承载力特征值 f_{ak}。

1) 拐点法。如果 $p-S$ 曲线图上拐点明显，直接确定该拐点为比例界限压力 P_0 即可，并取该比例界限压力为地基土的承载力基本值。

2) 极限荷载法。先确定极限荷载 P_u（当满足实验终止条件中的任一条时，则对应的前一级荷载即可判定为极限压力 P_u），当极限压力 P_u 小于对应的比例界限压力的两倍时，取极限压力的一半为地基承载力基本值。

3) 相对沉降法。若 $p-S$ 曲线没有明显拐点，可取对应某一沉降量值（即 S/B，B 为承压板直径或边长）的压力为地基承载力的基本值，一般 S/B 取 0.01～0.015。在求得地基承载力实测值后，该规范规定按下述方法确定地基承载力特征值，同一土层参加统计的实验点不应少于3点，当实验实测值的极差不超过其平均值的30%时，取此平均值作为该土层的地基承载力特征值 f_{ak}。

(4) 地基土的变形模量 E_0 为

$$E_0 = I_0 I_1 K(1-\mu^2)B \tag{8.15}$$

其中

$$K = \frac{p}{S}$$

(5) 基床反力系数 k_s。基床反力系数取 $p-S$ 曲线直线段的斜率，即

$$K = \frac{p}{S} \tag{8.16}$$

根据实验记录，可绘制 $p-S$ 曲线与 $S-\lg t$ 曲线如图8.8所示。

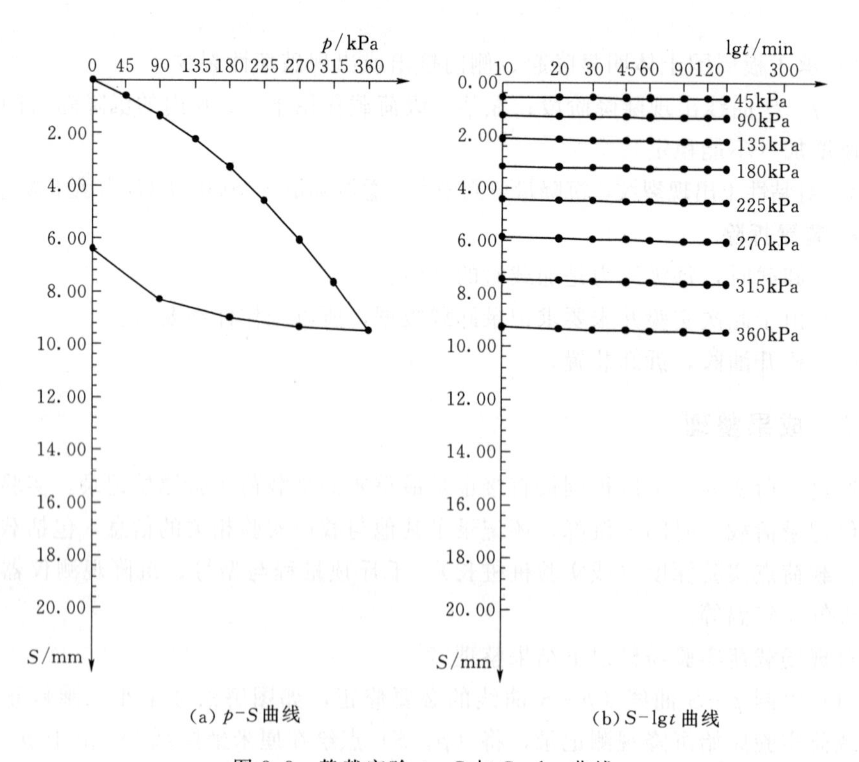

图8.8 静载实验 $p-S$ 与 $S-\lg t$ 曲线

注意事项如下。

(1) 仪器安装一定要仔细，千斤顶、测力计、承压板等一定要在一条轴线上。

(2) 加压时一定要均匀，避免用力过猛。加压过程中要随时观察，有无倾斜过大、地锚拔出等现象。

(3) 不要超负荷加压，以免损坏仪器。有问题应及时找指导教师解决。

(4) 注意实验过程中的安全。

第 9 章

土的抗剪强度实验

9.1 概述

土的抗剪强度是土的一个重要力学性质。在计算承载力、评价地基的稳定性以及计算挡土墙的土压力时，都要用到土的抗剪强度指标。因此，正确测定土的抗剪强度在工程上具有重要意义。土的抗剪强度指标包括内摩擦角 φ 与黏聚力 c 两项，该指标为建筑地基基础设计的重要指标。抗剪强度指标测定方法的室内实验包括直接剪切实验、三轴压缩实验和无侧限抗压实验；现场原位测试的有十字板剪切实验、大型直接剪切实验等。

为了近似模拟土体在现场受剪的排水条件，直接剪切实验可分为快剪、固结快剪和慢剪 3 种方法，快剪实验是在试样施加竖向压应力 σ 后，立即快速施加水平剪应力，使试样剪切破坏。固结快剪是允许试样在竖向压力下充分排水，待固结稳定后，再快速施加水平剪应力使试样剪切破坏。慢剪实验则是允许试样在竖向压力下排水，待固结稳定后，以缓慢的速率施加水平剪应力使试样剪切破坏。

三轴压缩实验是测定土抗剪强度的一种较为完善的方法。三轴压缩仪由压力室、轴向加荷系统、施加周围压力系统及孔隙水压力量测系统等组成。压力室是三轴压缩仪的主要组成部分。三轴压缩实验可以得到一系列莫尔圆，根据摩尔—库伦理论，作该系列极限应力圆的公共切线，即为土的抗剪强度包线，通常可近似取一条直线，该直线与横坐标的夹角即为土的内摩擦角 φ，直线与纵坐标的截距即为土的黏聚力 c。

如要量测实验过程中的孔隙水压力，在试件上施加压力以后，为量测孔隙水压力，可调节孔隙水压力量测其剪切过程中的变化情况。如要量测实验过程中的排水量，可打开排水阀门，让试件中的水排入量水管中，根据量水管中水位的变化可算出在实验过程中试样的排水量。对于三轴压缩实验按剪切前的固结程度和剪切时的排水条件相应地可分为快剪、固结快剪和慢剪实验 3 种实验方法。

1. 不固结不排水实验

试样在施加周围压力和随后施加竖向压力直至剪切破坏的整个过程中都不允许排水，实验自始至终关闭排水阀门。试件在周围压力和轴向压力下直至破坏的全过程中均不允许排水，土中的含水率始终保持不变，可测得总抗剪强度指标 C_u 和 φ_u。

2. 固结不排水实验

试样在施加周围压应力 σ_3 让土体排水固结，待固结稳定后，打开排水阀门，允许排水固结，再施加竖向压力，使试样在不排水的条件下剪切破坏。可同时测定总抗剪强度指标 C_{cu} 和 φ_{cu} 或有效抗剪强度指标 C' 和 φ' 及孔隙水压力系数。

3. 固结排水实验

试样在施加周围压应力 σ_3 时允许排水固结，待固结稳定后，再在排水条件下施加竖向压力至试件剪切破坏，可测得总抗剪强度指标 C_d 和 φ_d。

三轴压缩仪的突出优点是能较为严格地控制排水条件以及可以量测试件中孔隙水压力的变化。此外，试件中的应力状态也比较明确，破裂面是在最弱处。一般来说，三轴压缩实验的结果比较可靠，三轴压缩仪还用以测定土的其他力学性质，因此，它是土工实验不可缺少的设备。三轴压缩实验的缺点是试件中的主应力 $\sigma_2=\sigma_3$，而实际上土体的受力状态未必都属于轴对称情况。真三轴仪中的试件可在不同的 3 个主应力（$\sigma_1\neq\sigma_2\neq\sigma_3$）作用下进行实验。

物体发生破坏应力状态为极限应力状态，土是多种矿物组成的散体结构，相关实验表明土不是完全弹性体，具有弹塑性特征，由于土由碎散的固体颗粒组成，土宏观的变形主要不是由于颗粒本身变形，而是由于颗粒间位置的变化。这样在不同应力水平下由相同应力增量而引起的应变增量就不会相同，即表现出非线性，正常固结黏土和松砂的应力随应变增加而增加，但增加速率越来越慢，最后逼近一渐近线；在塑性理论中，该类土体称为应变硬化（或加工硬化），而在密砂和超固结土的实验曲线中，应力开始随应变的增加而增加，达到一个峰值之后，应力随应变增加而下降，最后也趋于稳定。该类土体称为应变软化（或加工软化）。由于土是碎散的颗粒集合，在各向等压或等比压缩时，孔隙减少，从而发生较大的体积压缩。土体受剪时，在法向应力作用下沿着具有一定粗糙度的裂面剪切时所产生的膨胀因其骨架颗粒产生相对位移，导致土的体积产生膨胀的性质。密砂随着剪切应力的增加产生体积膨胀的现象叫做剪胀。粗粒土在低围压下表现出明显的剪胀趋势，随着围压的增加，逐渐由剪胀向剪缩过渡；随着密度的增大，粗粒土的剪胀性明显增强；剪胀性也是砂土、粗粒土等颗粒材料的一个重要特性。剪胀性一般通过三轴实验确定。

9.2 土的直接剪切实验

9.2.1 实验目的

抗剪强度是土在外力作用下滑动时，在剪切滑动面上所具有抵抗剪切的极限强度。实验目的是测定土的抗剪强度与垂直压力 σ 的关系，以确定土的内摩擦角 φ 及黏聚力 c 的数值。直接剪切实验通常采用 4 个试样，分别在不同的垂直压力 σ 下，施加水平剪切力进行剪切，求得破坏时的剪应力 τ。然后根据摩尔—库伦定律确定土的抗剪强度指标，即内摩擦角 φ 及黏聚力 c。直剪实验常用的仪器为应变控制式直剪仪。剪切的方法有快剪（不排水剪）、固结快剪（固结不排水剪）和慢剪（排水剪）等。可以根据工程的实际情况选用。

9.2.2 实验原理

直剪实验所使用的仪器称为直剪仪，按加荷方式的不同，直剪仪可分为应变控制式和应力控制式两种，前者是以等速水平推动试样产生位移并测定相应的剪应力；后者则是对试样分级施加水平剪应力，同时测定相应的位移。目前常用的是应变控制式直剪仪。实验时，垂直压力由杠杆系统通过加压活塞和透水石传给土样，水平剪应力则由轮轴推动活动的下盒施加给土样。土体的抗剪强度可由量力环测定，剪切变形由百分表测定。在施加每一级法向应力后，匀速增加剪切面上的剪应力，直至试件剪切破坏。将实验结果绘制成剪应力 τ 和剪切变形 ΔL 的关系曲线（图 9.1）。将曲线的峰值作为该级法向应力下相应的抗剪强度 τ_f。

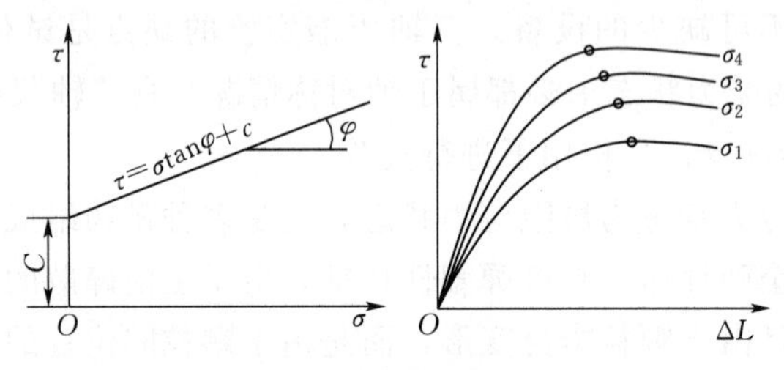

图 9.1 直接剪切特性曲线

土的抗剪强度是指土体抵抗剪切破坏的极限能力，土内某一面上的抗剪强度就是抵抗该面两侧土体发生滑动的最大阻力，该阻力由土的内摩擦力和黏聚力所组成，可近似地用库伦公式表示。

对于黏性土，有

$$\tau_f = \sigma \tan\varphi + c \tag{9.1}$$

对于砂土，有

$$\tau_f = \sigma \tan\varphi \tag{9.2}$$

式中 τ_f——土的抗剪强度，kPa；

σ——剪切面上土所承受的垂直压力；

φ——土的内摩擦角，(°)；

c——土的黏聚力，kPa。

为了在直剪实验中能尽量考虑实际工程中存在的不同固结排水条件，通常采用不同加荷速率的实验方法来近似模拟土体在受剪时的不同排水条件，由此产生了3种不同的直剪实验方法，即快剪、固结快剪和慢剪。

9.2.3 仪器设备

(1) 应变控制直接剪切仪（图 9.2）。有手摇式和电动式两种。主要部件包括剪切盒（上剪切盒和下剪切盒）、垂直加压框架、量力环及推力座等。试样装在上盒及下盒之间，垂直荷载使用砝码通过杠杆、加压框架、钢珠、传压板施加于试样。剪切力借转动手轮推动下盒而施加给试样，手轮每转动一圈，下盒向前推移0.2mm。通过量测与上盒连接的量力环的变形值，便可计算出剪力的大小。

(2) 测微表：精度 0.01mm。

(3) 天平：称量 500g 和 200g，最小分度值 0.1g 和 0.01g 各一台。

（4）环刀：内径 6.18cm，高 2cm。

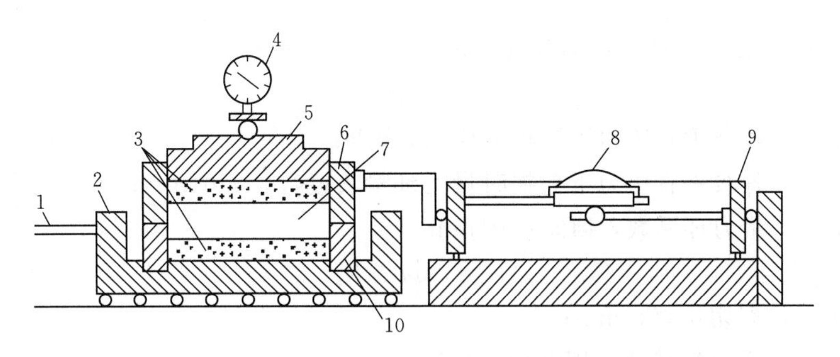

图 9.2 应变控制直剪仪

1—轮轴；2—底座；3—透水石；4—垂直变形百分表；5—活塞；6—下剪切盒；7—试样；8—水平位移表；9—量力环；10—下剪切盒

9.2.4 操作步骤

（1）将试样表面削平，用环刀切取试件测密度，每组实验至少取 4 个试样，各级垂直荷载的大小根据工程实际和土的软硬程度而定，一般可按 100kPa、200kPa、300kPa、400kPa 施加。

（2）检查下盒底下两滑槽内钢珠是否分布均匀，在上下盒接触面上涂抹少许润滑油，对准剪切盒的上下盒，插入固定销钉，在下盒内顺次放洁净透水石一块及湿润滤纸一张。

（3）将盛有试样的环刀平口朝下，刀口朝上，在试样面放湿润滤纸一张及透水石一块，对准剪切盒的上盒，然后将试样通过透水石徐徐压入剪切盒底，移去环刀，并顺次加上传压板及加压框架。

（4）在量力环上安装水平测微表，装好后应检查测微表是否装反，表脚是否灵活和水平，然后按顺时针方向徐徐转动手轮，使上盒两端的钢珠恰好与量力环接触（即量力环中测微表指针被触动）。

（5）顺次小心地加上传压板、钢珠，加压框架和相应质量的砝码（避免撞击和摇动）。

（6）施加垂直压力后应立即拔去固定销（注意：此项工作切勿忘记）。电动直接剪切仪将剪切速度选择为 4r/min。对于手动直接剪切仪，开动秒表，同时以 4～12r/min 的均匀速度转动手轮（学生可用 4r/min），转动过程不应中途停顿或时快时慢，使试样在 3～5min 内剪破，手轮每转一圈应测记测微表读数一次，直至量力环中的测微表指针不再前进或后退，即说明试样已经剪破，如测微表指针一直缓慢前进，说明不出现峰值和终值，则实验应进行至剪切变形达到 4mm 以上（手轮转 20 转以上）为止。

（7）剪切结束后倒转手轮，尽快移去砝码、加压框架、传压板等，取出试样，测定剪切面附近土的剪后含水率。

（8）另装试样，重复以上步骤，测定其他 3 种垂直荷载（200kPa、300kPa、400kPa）下的抗剪强度。

9.2.5 成果整理

（1）按式（9.3）计算抗剪强度，即

$$\tau_i = CR_i \tag{9.3}$$

式中　τ_i——各级垂直压力下试样剪应力，kPa；

R_i——各级垂直压力下剪损时量力环量表读数，0.01mm；

C——量力环系数，kPa/0.01mm。

$$\Delta L = 20n - R_i \tag{9.4}$$

式中　ΔL——剪切位移，mm；

20——手轮每转动一周剪切盒位移，0.01mm；

n——手轮转动周数。

（2）绘制剪应力垂直应力关系曲线 τ-σ，并确定黏聚力 c 和内摩擦角 φ。

（3）绘制各级垂直压力下剪应力与剪位移的关系曲线 τ-ΔL。

（4）制图。

1）以剪应力为纵坐标，剪切位移为横坐标，绘制剪应力 τ 与剪切位移 ΔL 的关系曲线，如图9.1所示。取曲线上剪应力的峰值为抗剪强度，无峰值时取剪切位移4mm所对应的剪应力为抗剪强度。

2）以抗剪强度为纵坐标，垂直压力为横坐标，绘制抗剪强度与垂直压力关系曲线（图9.3），直线的倾角为土的内摩擦角 φ，直线在纵坐标上的截距为土的黏聚力 c。

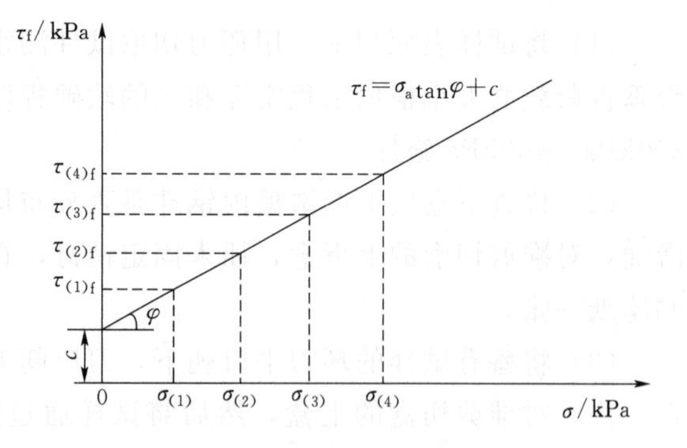

图9.3　土的抗剪强度曲线

附：其他直接剪切实验操作步骤简介。

1. 固结快剪实验

实验方法适用于渗透系数小于 10^{-6} cm/s 的细粒土。

（1）仪器设备和安装土样同快剪实验。但直剪仪上需安装垂直位移量表。

（2）施加垂直压力后，使试样在法向应力作用下排水固结，若系饱和试样，则在垂直压力加上5min以后，往剪切盒中注水，若系非饱和试样，在剪切盒四周塞上湿棉花，防止水分蒸发。

（3）当试样在法向应力作用下压缩稳定后（压缩稳定标准为垂直变形不大于0.005mm/h），测记试样压缩变形量。

（4）按快剪实验的步骤（2）～（4）施加剪力，直到试样剪切破坏。

（5）剪应力计算同不固结快剪实验。

2. 固结慢剪实验

（1）仪器设备和安装土样同固结快剪实验，施加垂直压力后，每1h测读垂直变形一次，直至试样固结变形稳定，变形稳定标准为不大于0.005mm/1h。

（2）当试样固结完成后，拔去固定销，以小于0.02mm/min的剪切速率进行剪切，试样每产生 0.2～0.4mm 剪切位移测记测力计和位移读数，直至测力计读数出现峰值，出现峰值后，应继续剪切至剪切位移为 4mm 时停机，记下破坏值；若剪切过程总量力环读数无峰值，应剪切至 6mm 时停止。

（3）当剪切过程中测力计读数无峰值时，应继续剪切至剪切位移为 6mm 时停机。

（4）当需要估算试样的剪切破坏时间时，可按式（9.5）计算，即

$$t_f = 50t_{50} \tag{9.5}$$

式中 t_f——达到破坏所经历的时间，min；

t_{50}——固结度达到 50%时所需要的时间，min。

（5）剪应力计算同不固结快剪实验。

实验记录见“土力学实验报告”。

9.3 土的三轴剪切实验

9.3.1 实验目的

三轴剪切实验是测定土体抗剪强度的一种方法，通常用 3～4 个圆柱形试样，分别在不同的恒定围压力下（即小主应力 σ_3）施加轴向压力（即主应力差 $\sigma_1-\sigma_3$）进行剪切直至破坏，然后根据摩尔—库伦理论，求得土的抗剪强度参数 c、φ 值。同时，实验过程中若测得了孔隙水压力，还可以得到土体的有效抗剪强度指标 c'、φ'和孔隙水压力系数等。三轴压缩实验常用的仪器为应变控制式三轴仪。实验分为不固结不排水剪、固结不排水剪和固结排水剪 3 种实验类型。可以根据工程的实际情况选用。

9.3.2 实验原理

土体的破坏条件用摩尔—库伦破坏准则（标准）描述比较符合实际情况。根据摩尔—库伦破坏理论，土体在各个方向主应力下，某一面上的剪应力与方向应力之比达到极限时，土体将会发生破坏，这就是摩尔—库伦破坏准则，也称土的极限平衡条件。

1. 单元体上的应力和应力圆

任取某一单元土体，在单元体上任取一截面，则得

$$\begin{cases} \sigma = \dfrac{1}{2}(\sigma_1 + \sigma_3) + \dfrac{1}{2}(\sigma_1 - \sigma_3)\cos 2\alpha \\ \tau = \dfrac{1}{2}(\sigma_1 - \sigma_3)\sin 2\alpha \end{cases} \tag{9.6}$$

式中 σ——任一截面 mn 上的法向应力，kPa；

τ——任一截面 mn 上的剪应力，kPa；

σ_1——最大主应力，kPa；

σ_3——最小主应力，kPa；

α——截面与最小主应力作用方向的夹角，(°)。

上述应力间的关系也可用应力圆（莫尔圆）表示。

将式（9.6）变为

$$\begin{cases}\sigma-\dfrac{1}{2}(\sigma_1+\sigma_3)=\dfrac{1}{2}(\sigma_1-\sigma_3)\cos2\alpha \\ \tau=\dfrac{1}{2}(\sigma_1-\sigma_3)\sin2\alpha\end{cases} \tag{9.7}$$

取两式平方和，即得应力圆的公式为

$$\left(\sigma-\frac{\sigma_1-\sigma_2}{2}\right)^2+\tau^2=\left(\frac{\sigma_1-\sigma_3}{2}\right)^2 \tag{9.8}$$

表示纵、横坐标分别为 τ 及 σ 的圆，圆心为 $\left(\dfrac{\sigma_1+\sigma_3}{2}，0\right)$，圆半径等于 $\dfrac{\sigma_1-\sigma_3}{2}$。

2. 极限平衡条件

通过土中一点，在 σ_1、σ_3 作用下可出现一对剪切破裂面。它们与最小主应力作用方向的交角 α 为

$$\alpha=\left(45°+\frac{\varphi}{2}\right) \tag{9.9}$$

土体受荷载后，根据有效应力原理，任一面上的法向应力由固体颗粒骨架和孔隙水或者气体承担。因此，土的抗剪强度主要取决于有效应力的大小，即

$$\tau_f=(\sigma_a-u)\tan\varphi+c'=c'+\sigma'\tan\varphi' \tag{9.10}$$

三轴剪切实验的原理是在圆柱形试样上施加最大主应力（轴向压力）σ_1 和最小主应力（周围压力）σ_3。固定其中之一（一般是 σ_3）不变，改变另一个主应力，使试样中的剪应力逐渐增大，直至达到极限平衡而剪坏，由此求出土的抗剪强度。设土样破坏时由活塞杆加在土样上的垂直压力为 $\Delta\sigma_1$，则土样上的最大主应力为 $\sigma_{1f}=\sigma_3+\Delta\sigma_1$，而最小主应力为 σ_{3f}。由 σ_{1f} 和 σ_{3f} 可绘制出一个莫尔圆。用同一种土制成3～4个土样，按上述方法进行实验，对每个土样施加不同的周围压力 σ_3，可分别求得剪切破坏时对应的最大主应力 σ_1，将这些结果绘成一组莫尔圆。根据土的极限平衡条件可知，通过这些莫尔圆的切点的直线就是土的抗剪强度线，由此可得抗剪强度指标 c、φ 值（图9.4）。

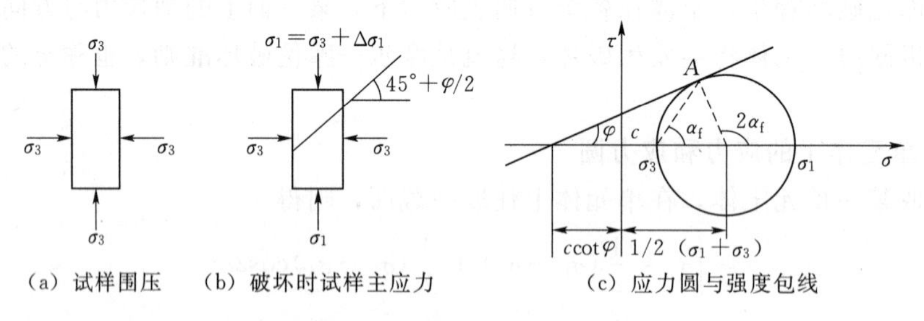

（a）试样围压　（b）破坏时试样主应力　（c）应力圆与强度包线

图9.4　三轴实验基本原理

将同一土样在不同应力条件下所测得的不少于4次的三轴剪切试样结果，分别绘制应力圆，从这些应力圆的包线即可求出抗剪强度指标。根据土样固结排水条件和剪切时的排水条件，三轴实验可分为不固结不排水剪实验（UU）、固结不排水剪实验（CU）、固结排水剪实验（CD）以及 K_0 固结三轴实验等。

（1）不固结不排水剪实验（UU）。试样在施加周围应力和随后施加偏应力直至破坏的整个实验过程中都不允许排水，这样从开始加压直至试样剪坏，土中的含水量

始终保持不变，孔隙水压力也不可能消散，可以测得总应力抗剪强度指标 c_u、φ_u。

（2）固结不排水剪实验（CU）。试样在施加周围压力时，允许试样充分排水，待固结稳定后，再在不排水的条件下施加轴向压力，直至试样剪切破坏，同时在受剪过程中，测得土体的孔隙水压力，可以测得总应力抗剪强度指标 c_{cu}、φ_{cu} 和有效应力抗剪强度指标 c'、φ'。

（3）固结排水剪实验（CD）。试样先在周围压力下排水固结，然后允许试样在充分排水的条件下增加轴向压力直至破坏，同时在实验过程中测读排水量以计算试样的体积变化，可以测得有效应力抗剪强度指标 c_d、φ_d。

（4）K_0 固结三轴实验。常规三轴实验是在等向固结压力（$\sigma_1=\sigma_2=\sigma_3$）条件下排水固结，而 K_0 固结三轴实验是按 $\sigma_3=\sigma_2=K_0\sigma_1$ 施加周围压力，使试样在不等向压力下固结排水，然后再进行不排水剪或排水剪实验。

9.3.3　仪器设备

1. 三轴剪力仪

它可分为应变控制式和应力控制式两种。

应变控制式三轴剪切仪如图 9.5 所示，击样器、饱和器、土盘分样器、土样饱和器、切土盘、切土器和切土架及原状土分样器分别如图 9.6 至图 9.12 所示。

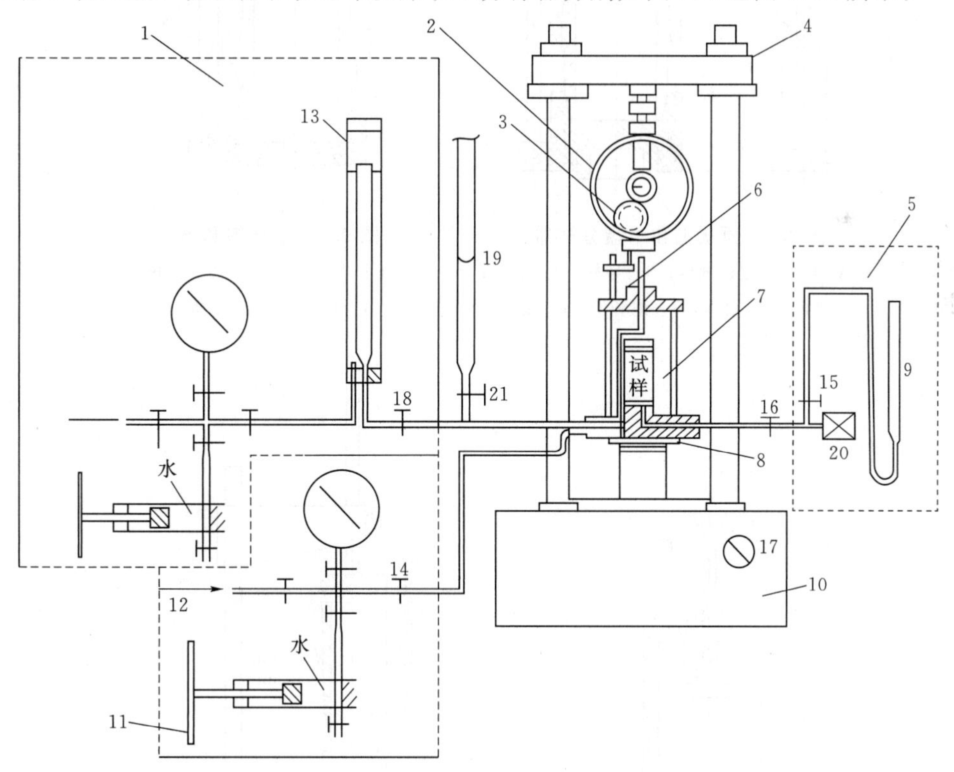

图 9.5　应变控制式三轴剪切仪

1—反压力控制系统；2—轴向测力计；3—轴向位移计；4—实验机横梁；5—孔隙压力测量系统；6—活塞；7—压力室；8—升降台；9—量水管；10—实验机；11—周围压力控制系统；12—压力源；13—体变管；14—周围压力阀；15—量管阀；16—孔隙压力阀；17—手轮；18—体变管阀；19—排水管；20—孔隙压力传感器；21—排水管阀

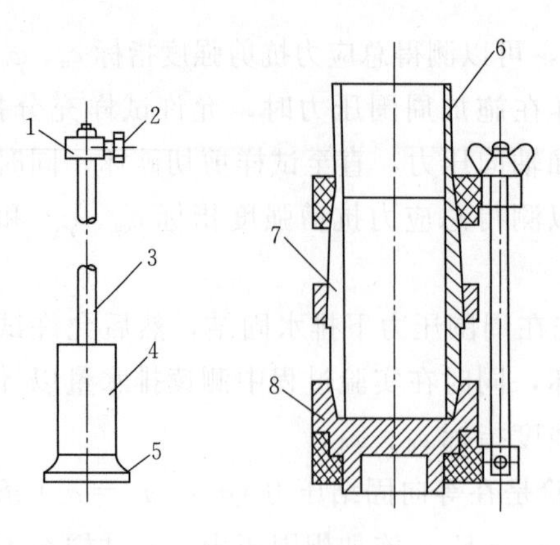

图 9.6　击样器

1—套环；2—定位螺钉；3—导杆；4—击锤；
5—底板；6—套筒；7—击样筒；8—底座

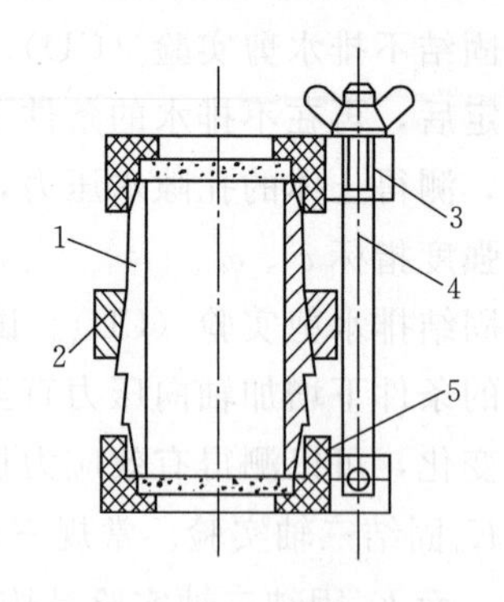

图 9.7　饱和器

1—圆模（3 片）；2—紧箍；3—夹板；
4—拉杆；5—透水板

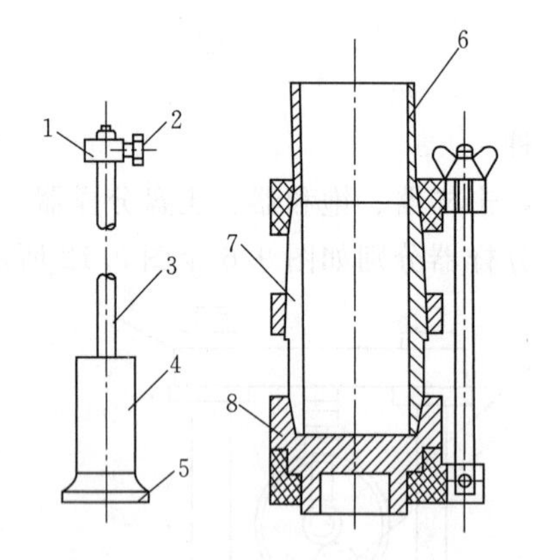

图 9.8　原状土和土盘分样器

—套环；2—定位螺钉；3—导杆；4—击锤；
5—底板；6—套筒；7—饱和器；8—底板

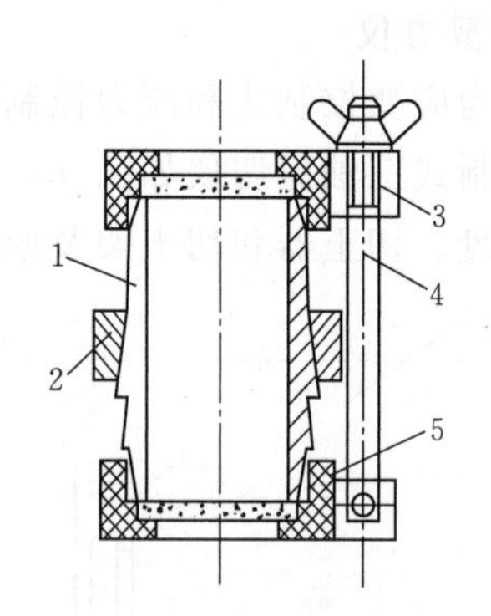

图 9.9　土样饱和器

1—土样筒；2—紧箍；3—夹板；
4—拉杆；5—透水板

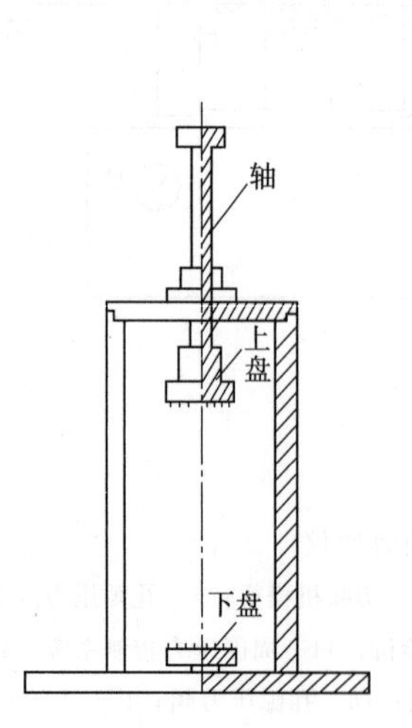

图 9.10　切土盘

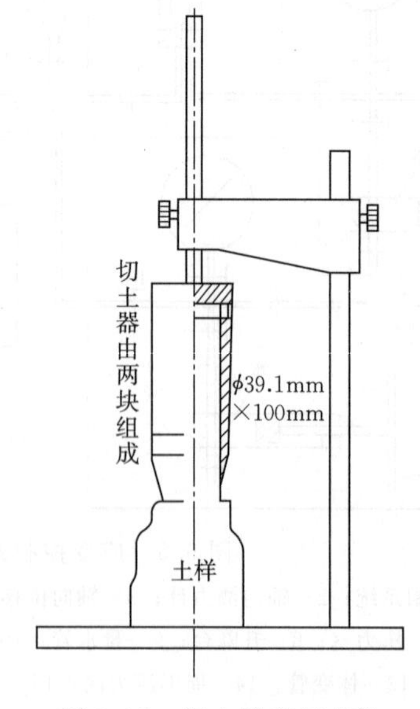

图 9.11　切土器和切土架

（1）三轴压力室。压力室是三轴仪的主要组成部分，它是由一个金属上盖、底座以及透明有机玻璃圆筒组成的密闭容器，压力室底座通常有3个小孔分别与围压系统以及体积变形和孔隙水压力量测系统相连。

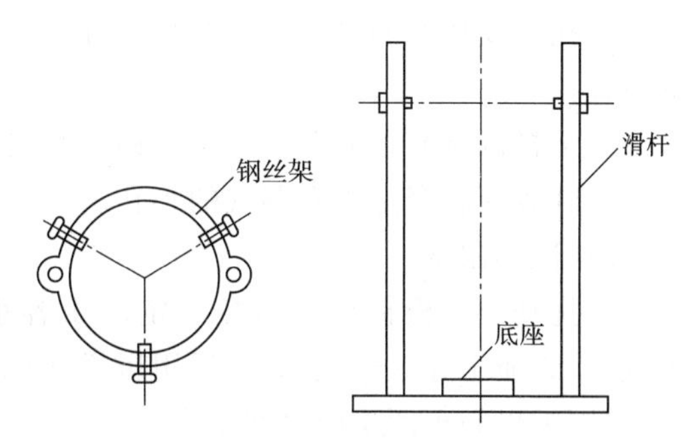

图9.12　原状土分样器

（2）轴向加荷传动系统。采用电动机带动多级变速的齿轮箱，或者采用可控硅无级调速，根据土样性质及实验方法确定加荷速率，通过传动系统使土样压力室自下而上地移动，使试件承受轴向压力。

（3）轴向压力测量系统。通常的实验中，轴向压力由测力计（测力环或称应变圈等）来反映土体的轴向荷重，测力计为线性和重复性较好的金属弹性体组成，测力计的受压变形由百分表测读。轴向压力系统也可由荷重传感器来代替。

（4）周围压力稳压系统。采用调压阀控制，调压阀当控制到某一固定压力后，它将压力室的压力进行自动补偿而达到周围压力的稳定。

（5）孔隙水压力测量系统。孔隙水压力由孔隙水压力传感器测得。

（6）轴向应变（位移）测量装置。轴向距离采用大量程百分表（0～30mm百分表）或位移传感器测得。

（7）反压力体变系统。由体变管和反压力稳定控制系统组成，以模拟土体的实际应力状态或提高试件的饱和度以及测量试件的体积变化。

2. 附属设备

（1）击实器和饱和器。

（2）切土器和原状土分样器。

（3）砂样制备模筒和承模筒。

3. 天平和游标卡尺

4. 其他

如乳胶薄膜、橡皮筋、透水石、滤纸、切土刀、钢丝锯、毛玻璃板、空气压缩机、真空抽气机、真空饱和抽水缸、称量盒和分析天平等。

9.3.4　操作步骤

1. 实验前的检查和准备

（1）仪器性能检查。

1）周围压力测量准确度要求达到最大压力的1%，根据试样的强度，选择不同量程的量力环或者传感器，最大轴向压力的准确度不小于0.1%。

2）空气压缩机的稳定控制器（又称压力控制器）。

3）气压或者水压调压阀的灵敏度及稳定性。

4）有无漏气现象。

5）稳压系统、管路系统的周围压力、孔隙水压力、反压力和体积变化装置以及试样上下端通道接头处是否存在漏气或阻塞现象。

6）孔压及体变的管道系统内是否存在封闭气泡，封闭气泡可用无气水进行循环排水。

7）土样两端放置的透水石是否畅通和浸水饱和。

8）乳胶薄膜套是否有漏气的小孔。

（2）试样制备。

1）扰动土。根据要求可按一定的干容重和含水量将扰动土拌匀，粉质土分3～5层，黏质土分5～8层，分层用压样法或者击样法制备试样，并在各层面上用切土刀刨毛以利于两层面之间结合。

a. 扰动土试样制备（击实法）。

i. 选取一定数量具代表性土样（对直径39.1mm试样约取2kg；61.8mm和101mm试样分别取10kg和20kg），经风干、碾碎、过筛并测定风干含水率，按要求的含水率计算出所需加水量。将需加的水量喷洒到土料上拌匀，稍静置后装入塑料袋，然后置于密闭容器内至少20h，使含水率均匀。取出土料复测其含水率。测定的含水率与要求的含水率的差值应小于±1%；否则需调整含水率至符合要求为止。

ii. 击样筒的内径应与试样直径相同。击锤的直径宜小于试样直径，也允许采用与试样直径相等的击锤。击样筒壁在使用前应洗擦干净，涂一薄层凡士林。

iii. 根据要求的干密度，称取所需土质量。按试样高度分层击实，粉质土分3～5层，黏质土分5～8层击实。各层土料质量相等。每层击实至要求高度后，将表面刨毛，然后再加第2层土料。如此继续进行，直至击实最后一层。将击样筒中的试样两端整平，取出称其质量，一组试样的密度差值应小于0.02g/cm^3。

b. 冲填土试样制备（土膏法）。

i. 取代表性土样风干、过筛，调成略大于液限的土膏，然后置于密闭容器内，储存20h左右，测定土膏含水率，同一组试样含水率的差值不应大于1%。

ii. 在压力室底座上装对开圆模和橡皮膜（在底座上的透水板上放一湿滤纸，连接底座的透水板均应饱和），橡皮膜与底座扎紧。称制备好的土膏，用调土刀将土膏装入橡皮膜内，装土膏时避免试样内夹有气泡。试样装好后整平上端，称剩余土膏，计算装入土膏的质量。在试样上部依次放湿滤纸、透水板和试样帽并扎紧橡皮膜。然后打开孔隙压力阀和量管阀，降低量水管，使其水位低于试样中心约50cm，测记量水管读数，算出排水后试样的含水率。拆去对开模，测定试样上、中、下部位的直径及高度，并计算试样的平均直径及体积。

c. 砂类土试样制备。

i. 根据实验要求的试样干密度和试样体积称取所需风干砂样质量，分三等分，在水中煮沸，冷却后待用。

ii. 开孔隙压力阀及量管阀，使压力室底座充水。将煮沸过的透水板滑入压力室底座上，并用橡皮带把透水板包扎在底座上，以防砂土漏入底座中。关孔隙压力阀及量管阀，将橡皮膜的一端套在压力室底座上并扎紧，将对开模套在底座上，将橡皮膜的上端翻出，然后抽气，使橡皮膜贴紧对开模内壁。

iii. 在橡皮膜内注脱气水约达试样高的1/3。用长柄小勺将煮沸冷却的一份砂样装入膜中，填至该层要求高度（对含有细粒土和要求高密度的试样，可采用干砂制备，用水头饱和或反压力饱和)。

iv. 第1层砂样填完后，继续注水至试样高度的2/3，再装第2层砂样。如此继续装样，直至模内装满为止。如果要求干密度较大，则可在填砂过程中轻轻敲打对开模，务使所称出的砂样填满规定的体积。然后放上透水板、试样帽，翻起橡皮膜，并扎紧在试样帽上。

v. 开量管阀降低量管，使管内水面低于试样中心高程以下约0.2m（对于直径为101mm的试样约为0.5m)，在试样内产生一定负压，使试样能站立。拆除对开模，量试样高度与直径，复核试样干密度。各试样之间的干密度差值应小于$0.03g/cm^3$。

2）原状试样。

a. 对于较软的土样，先用钢丝锯或削土刀切取一稍大于规定尺寸的土柱，放在切土盘的上、下圆盘之间。再用钢丝锯或削土刀紧靠侧板，由上往下细心切削，边切削边转动圆盘，直至土样的直径被削成规定的直径为止。然后按试样高度的要求，削平上下两端。对于直径为10cm的软黏土土样，可先用分样器分成3个土柱，然后再按上述方法，切削成直径为39.1mm的试样。

b. 对于较硬的土样，先用削土刀或钢丝锯切取一稍大于规定尺寸的土柱，上、下两端削平，按试样要求的层次方向放在切土架上，用切土器切削。先在切土器刀口内壁涂上一薄层油，将切土器的刀口对准土样顶面，边削土边压切土器，直至切削到比要求的试样高度约高2cm为止，然后拆开切土器，将试样取出，按要求的高度将两端削平。试样的两端面应平整，互相平行，侧面垂直，上下均匀。在切样过程中，若试样表面因遇砾石而成孔洞，允许用切削下的余土填补。

c. 将切削好的试样称量，直径为101mm的试样准确至1g；直径为61.8mm和39.1mm的试样准确至0.1g。试样高度和直径用卡尺量测，试样的平均直径按式(9.11）计算，即

$$D_0=\frac{D_1+2D_2+D_3}{4} \tag{9.11}$$

式中 D_0——试样平均直径，mm；

D_1，D_2，D_3——试样上、中、下部位的直径，mm。

取切下的余土，平行测定含水率，取其平均值作为试样的含水率。

对于同一组原状土试样，密度的差值不宜大于$0.03g/cm^3$，含水率差值不宜大于2%。对于特别坚硬的和很不均匀的土样，如不易切成平整、均匀的圆柱体时，允许切成与规定直径接近的柱体，按所需试样高度将上、下两端削平，称取质量，然后包上橡皮膜，用浮称法称试样的质量，并换算出试样的体积和平均直径。

3）试样饱和。抽气饱和在1.3.4小节中已作过介绍，在此对其他饱和方式进行介绍。

a. 水头饱和法。将试样装入压力室内，施加20kPa周围压力，使无气泡的水从试样底座进入，待上部溢出，水头高差一般在1m左右，直至流入水量和溢出水量相等为止。

b. 反压饱和法。试件在不固结不排水条件下，使土样顶部施加反压力，但

试样周围应施加侧压力，反压力应低于侧压力的5kPa，当试样底部孔隙压力达到稳定后关闭反压力阀，再施加侧压力，当增加的侧压力与增加的孔隙压力比值$\Delta u/\Delta\sigma_3>0.95$时被认为是饱和；否则再增加反压力和侧压力使土体内气泡继续缩小，然后再重复上述测定$\Delta u/\Delta\sigma_3$是否大于0.95，即相当于饱和度为大于95%。

2. 固结不排水实验法实验

操作步骤如下：

（1）将制备成大于试样直径和高度的毛坯，放在切土器内用钢丝锯和修土刀制备成所要求规格的试样，最后量其直径、高度，称其重量，并选择具代表性的土样测定含水量。

（2）安装试样前，事先应全面检查三轴仪的各部分是否完好。

1）打开试样底座的开关（孔隙水压力阀和量管阀），使量管里的水缓缓地流向底座，并依次放上透水石和滤纸，待气泡排除后，再放上试样，试样周围贴上滤纸条，关闭底座开关。

2）把已检查过的橡皮薄膜套在承膜筒上，两端翻起，用吸球从气嘴中不断吸气，使橡皮膜紧贴于筒壁，小心将它套在土样外面，然后让气嘴放气，使橡皮膜紧贴试样周围，翻起橡皮膜两端，用橡皮圈将橡皮膜下端扎紧在底座上。

3）打开试样底座开关，让量管中水（有时采取高量管所产生的水头差）从底座流入试样与橡皮膜之间，排除试样周围的气泡，关闭开关。

4）打开与试样帽连通的排水阀，让量水管中的水流入试样帽，并连同透水石、滤纸放在试样上端，排尽试样上端及量管系统气泡后关闭开关，用橡皮圈将橡皮膜上端与试样帽扎紧。

5）装上压力筒拧紧密封螺帽，并使传压活塞与土样帽接触。

（3）试样排水固结按下列步骤进行。

1）向压力室施加试样的周围压力（水压力或气压力），周围压力的大小根据土样的覆盖压力而定，一般应等于和大于覆盖压力，但由于仪器本身限定，目前最大压力不宜超过0.6MPa（低压三轴仪）和2.0MPa（高压三轴仪）。教学一般按照100kPa、200kPa、300kPa和400kPa施加周围压力。

2）同时测定土体内与周围压力相应的起始孔隙水压力，施加周围压力后，在不排水条件下静置15～30min后，记下起始孔隙水压力读数。

3）打开排水阀，固结完成后关上排水阀，测计孔隙水压力和排水管读数。

4）转动细档手轮，微调压力机升降台，使活塞与试样接触，此时轴向变形指示计的变化值为试样固结时的高度变化。

（4）试样剪切。

1）将轴向变形的百分表、轴向压力测力环的百分表及孔隙水压力计读数均调速至零点。

2）启动电动机，合上离合器，开始剪切。黏土宜为0.05%～0.1%/min，粉质土或轻亚黏土为0.1%～0.5%/min。试样每产生0.3%～0.4%的轴向应变（或0.2mm变形值），测读一次测力计读数和轴向变形值。当轴向应变大于3%时，试样每产生0.7%～0.8%的轴向应变（或0.5mm变形值），测读一次。当测力计读数出现峰值时，剪切应继续进行到轴向应变量为15%～20%。

3）实验结束，关电动机，关各阀门，脱开离合器，转动手轮，将压力室降下，打开排气孔，排除压力室内的水，拆卸压力室罩，取出试件，描绘试样破坏时形状并称其质量，测定土样含水率。

9.3.5 成果整理

（1）按式（9.12）、式（9.13）计算孔隙水压力系数，即

$$B=\frac{\Delta u_i}{\Delta\sigma_3}\quad 或\quad B=\frac{u_i}{\sigma_{3i}} \tag{9.12}$$

$$A=\frac{\Delta u_{\mathrm{d}}}{B(\Delta\sigma_1-\sigma_3)}\quad 或\quad A=\frac{u_{\mathrm{f}}-u_i}{B(\Delta\sigma_{1\mathrm{f}}-\sigma_3)} \tag{9.13}$$

式中 B——各向等压作用下的孔隙水压力系数；

Δu_i——试样在周围压力增量下所出现孔隙水压力增量，kPa；

$\Delta\sigma_3$——周围压力的增量，kPa；

u_i——在周围压力下所产生的孔隙水压力，kPa；

σ_{3i}——周围压力，kPa；

A——偏压应力作用下的孔隙水压力系数；

$\Delta\sigma_1$——大主应力增量，kPa；

u_{f}——剪损时的孔隙水压力，kPa；

$\Delta\sigma_{1\mathrm{f}}$——剪损时的大主应力增量，kPa；

Δu_{d}——试样在主应力差下所产生的孔隙水压力增量，kPa。

（2）按式（9.14）、式（9.15）修正试样固结后的高度和面积，即

$$h_0'=h_0-\Delta h=h_0\left(1-\frac{\Delta V}{V_0}\right)^{1/3}\approx h_0\left(1-\frac{\Delta V}{3V_0}\right) \tag{9.14}$$

$$A_0'=\frac{\pi}{4}(d_0-\Delta d)^2=\frac{\pi}{4}d_0^2\left(1-\frac{\Delta V}{V_0}\right)^{2/3}\approx A_0\left(1-\frac{2\Delta V}{3V_0}\right) \tag{9.15}$$

式中 V_0，h_0，d_0——固结前的体积、高度和直径；

ΔV，Δh，Δd——固结后的体积、高度和直径的改变量；

A_0'，h_0'——固结后平均断面积和高度。

（3）按式（9.16）计算剪切过程中的平均断面积和应变值，即

$$A_{\mathrm{a}}=\frac{A_0'}{1-\varepsilon_0'}\qquad \varepsilon_0'=\frac{\sum\Delta h}{h_0'} \tag{9.16}$$

式中 A_{a}——剪切过程中平均断面积，cm^2；

ε_0'——剪切过程中轴向应变，%；

$\sum\Delta h$——剪切时轴向变形，mm。

（4）按式（9.17）计算主应力差，即

$$(\sigma_1-\sigma_3)=\frac{CR}{A_{\mathrm{a}}}=\frac{CR}{A_0'}(1-\varepsilon_0') \tag{9.17}$$

式中 C——测力环校正系数，N/0.01mm；

R——测力环百分表读数差，0.01mm。

(5) 按式 (9.18)、式 (9.19) 计算破坏时有效主应力，即

$$\bar{\sigma}_{3f}=\sigma_3-u_f \tag{9.18}$$

$$\bar{\sigma}_{1f}=\sigma_{1f}-u_f=(\sigma_1-\sigma_3)_f+\bar{\sigma}_3 \tag{9.19}$$

式中　$\bar{\sigma}_{1f}$，$\bar{\sigma}_{3f}$——破坏时有效主应力和有效小主应力，kPa；

σ_1，σ_3——大主应力和小主应力，kPa；

u_f——破坏时孔隙水压力，kPa。

(6) 主应力差 $(\sigma_1-\sigma_3)$ 与轴向应变 ε_1 关系曲线如图 9.13 所示。以主应力差为纵坐标，轴向应变 ε_1 为横坐标，绘制关系曲线，取曲线上主应力差的峰值作为破坏点，无峰值时取 15%轴向应变时的主应力差值作为破坏点。

(7) 有效应力比 $\frac{\sigma_1'}{\sigma_3'}$ 与轴向应变 ε_1 关系曲线如图 9.14 所示。以有效应力比 $\frac{\sigma_1'}{\sigma_3'}$ 为纵坐标，轴向应变 ε_1 为横坐标，绘制关系曲线。

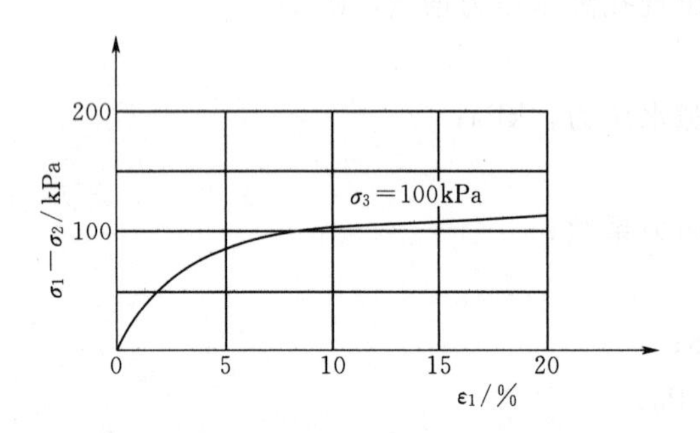

图 9.13　主应力差与轴向应变关系曲线

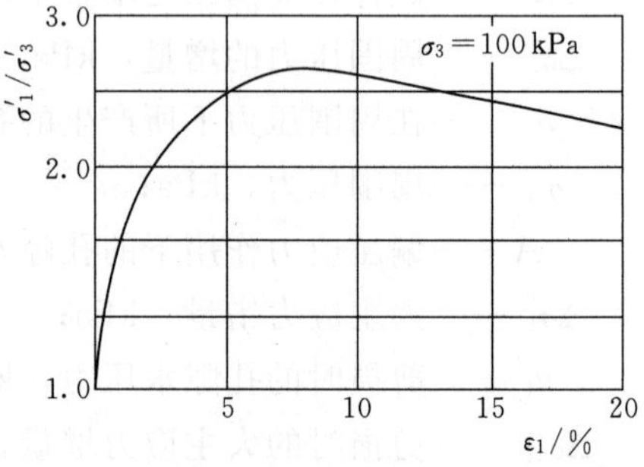

图 9.14　有效应力比与轴向应变关系曲线

(8) 孔隙水压力 u 与轴向应变 ε_1 关系曲线如图 9.15 所示。以孔隙水压力 u 为纵坐标，轴向应变 ε_1 为横坐标，绘制关系曲线。

(9) 固结不排水剪强度包线如图 9.16 所示。以剪应力 τ 为纵坐标，法向应力 σ 为横坐标，在横坐标轴以破坏时的 $\frac{\sigma_{1f}+\sigma_{3f}}{2}$ 为圆心、以 $\frac{\sigma_{1f}-\sigma_{3f}}{2}$ 为半径，绘制破坏总应力圆，并绘制不同周围压力下破坏应力圆的包线，包线的倾角为内摩擦角 φ_{cu}，包线在纵轴上的截距为黏聚力 c_{cu}。对于有效内摩擦角 φ' 和有效黏聚力 c'，应以 $\frac{\sigma_{1f}'+\sigma_{3f}'}{2}$ 为圆心、以 $\frac{\sigma_{1f}'-\sigma_{3f}'}{2}$ 为半径绘制有效破坏应力圆。

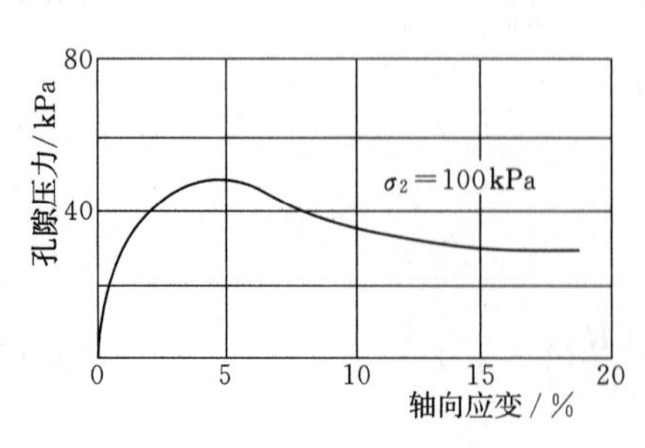

图 9.15　孔隙压力与轴向应变关系曲线

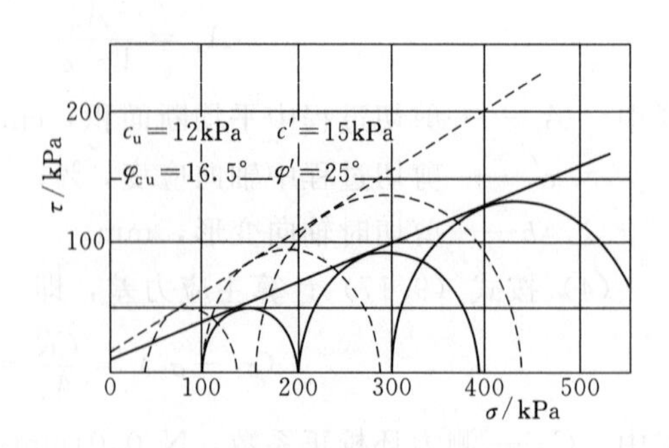

图 9.16　固结不排水剪强度包线

（10）有效应力路径曲线如图9.17所示。若各应力圆无规律，难以绘制各应力圆强度包线，可按应力路径取值，即以 $\frac{\sigma_{1f}'-\sigma_{3f}'}{2}$ 为纵坐标、以 $\frac{\sigma_{1f}'+\sigma_{3f}'}{2}$ 为横坐标，绘制有效应力路径曲线，并按下式计算有效内摩擦角 φ' 和有效黏聚力 c'。

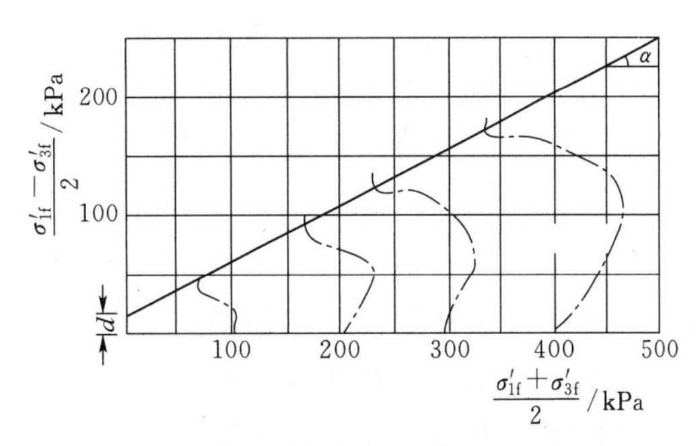

图9.17　应力路径曲线

有效内摩擦角 φ' 为

$$\varphi' = \arcsin(\tan\alpha)$$

有效黏聚力 c' 为

$$c' = \frac{d}{\cos\varphi'}$$

式中　α——应力路径图上破坏点连线的倾角，(°)；

d——应力路径图上破坏点连线在纵轴上的截距，kPa。

附：其他三轴剪切实验操作步骤简介。

1. 不固结不排水剪实验步骤

（1）试样的安装步骤如下：

1）在压力室的底座上，依次放上不透水板、试样及不透水试样帽，将橡皮膜用承膜筒套在试样外，并用橡皮圈将橡皮膜两端与底座及试样帽分别扎紧。

2）将压力室罩顶部活塞提高，放下压力室罩，将活塞对准试样中心，并均匀地拧紧底座连接螺母。向压力室内注满纯水，待压力室顶部排气孔有水溢出时，拧紧排气孔，并将活塞对准测力计和试样顶部。

3）将离合器调至粗位，转动粗调手轮；当试样帽与活塞及测力计接近时，将离合器调至细位，改用细调手轮，使试样帽与活塞及测力计接触，装上变形指示计，将测力计和变形指示计调至零位。

4）关排水阀，开周围压力阀，施加周围压力。

（2）剪切试样应按下列步骤进行。

1）剪切应变速率宜为应变0.5%～1.0%/min。

2）启动电动机，合上离合器，开始剪切。试样每产生0.3%～0.4%的轴向应变（或0.2mm变形值），测记一次测力计读数和轴向变形值。当轴向应变大于3%时，试样每产生0.7%～0.8%的轴向应变（或0.5mm变形值），测记一次。

3）当测力计读数出现峰值时，剪切应继续进行到轴向应变为15%～20%。

4）实验结束，关电动机，关周围压力阀，脱开离合器，将离合器调至粗位，转动粗调手轮，将压力室降下，打开排气孔，排除压力室内的水，拆卸压力室罩，拆除试样，描述试样破坏形状，称试样质量，并测定含水率。

（3）轴向应变应按下式计算，即

$$\varepsilon_1 = \frac{\Delta h_1}{h_0} \times 100\%$$

式中　ε_1——轴向应变，%；

h_1——剪切过程中试样的高度变化，mm；

h_0——试样初始高度，mm。

（4）试样面积的校正应按下式计算，即

$$A_a = \frac{A_0}{1-\varepsilon_1}$$

式中 A_a——试样的校正断面积，cm^2；

A_0——试样的初始断面积，cm^2。

（5）主应力差应按下式计算，即

$$\sigma_1 - \sigma_3 = \frac{CR}{A_s} \times 10$$

式中 $\sigma_1-\sigma_3$——主应力差，kPa；

σ_1——大总主应力，kPa；

σ_3——小总主应力，kPa；

C——测力计率定系数，N/0.01mm 或 N/mV；

R——测力计读数，0.01mm；

10——单位换算系数。

（6）以主应力差为纵坐标，轴向应变为横坐标；绘制主应力差与轴向应变关系曲线（图9.18）。取曲线上主应力差的峰值作为破坏点，无峰值时，取15%轴向应变时的主应力差值作为破坏点。

（7）以剪应力为纵坐标，法向应力为横坐标，在横坐标轴以破坏时的$\frac{\sigma_{1f}+\sigma_{3f}}{2}$为圆心、以$\frac{\sigma_{1f}-\sigma_{3f}}{2}$为半径，在$\tau$-$\sigma$应力平面上绘制破损应力圆，并绘制不同周围压力下破损应力圆的包线，求出不排水强度参数。

2. 固结排水剪实验步骤

（1）试样的安装、固结、剪切应按固结不排水中的步骤进行。但在剪切过程中应打开排水阀。剪切速率采用应变0.003%～0.012%/min。

（2）试样固结后的高度、面积，应按固结不排水给出的公式进行计算。

（3）剪切时试样面积的校正，应按下式计算，即

$$A_a = \frac{V_c - \Delta V_i}{h_c - \Delta h_i}$$

式中 ΔV_i——剪切过程中试样的体积变化，cm^3；

Δh_i——剪切过程中试样的高度变化，cm。

（4）主应力差、有效应力比及孔隙水压力系数按不固结不排水中给出的公式进行计算。

（5）主应力差与轴向应变关系曲线应按不固结不排水中的规定绘制。

（6）主应力比与轴向应变关系曲线应按固结不排水中的规定绘制。

（7）以体积应变为纵坐标、轴向应变为横坐标，绘制体应变与轴向应变关系曲线。

（8）破损应力圆，有效内摩擦角和有效黏聚力应按固结不排水实验中的步骤绘

制和确定（图 9.18）。

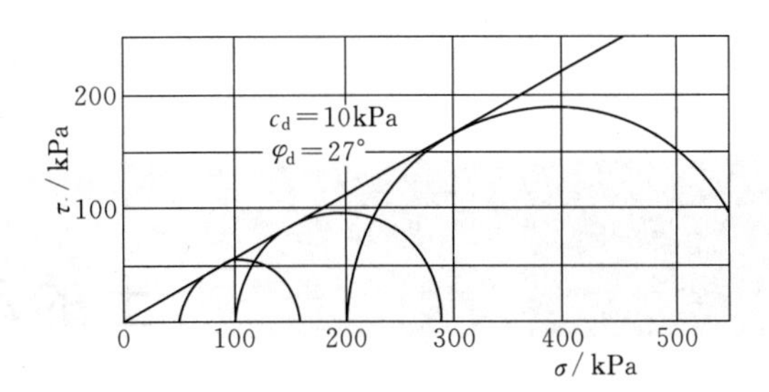

图 9.18　固结排水剪强度包线

实验记录及思考题见“土力学实验报告”。

第10章

土的动三轴实验

10.1 土动力实验的意义

土动力实验主要任务是为各种动荷载作用下土的变形强度特性及土体的动力稳定性参数的确定。动荷载主要包括爆炸荷载等脉冲型荷载、地震荷载等有限次的、无规律的随机型荷载以及波浪、交通与机器振动荷载等长期循环微幅动荷载。该类荷载不同于静荷载，具有以下特点：①荷载的速率效应对土体强度与变形的影响；②荷载循环次数的影响；③分析研究土工建筑物及建筑物地基在各种动力影响下的变形与破坏规律以及土的动力特性、土的动力稳定性；工程建筑中的各种动荷作用及其特点，在动荷载作用下土的动力特性，如土的动强度、动变形、土的震动液化等。可见，土木工程中的岩土体受到动力影响较大。因此，考虑建筑工程结构的可行性，有必要通过实验方法对其动力规律进行揭示。同时，由于土的破碎性、多相性，特别是天然性（以及由此引起的结构性、非均匀性、各向异性和时空分布变异性），导致土的动力性态千差万别。对不同的土（如碎石土、砂土、粉土、黏土及冻土、黄土、红土等特殊土）所特有的动力性态的认识只有通过室内外实验来获得。土动力问题研究的应变范围大，剪应变为 $10^{-6}\sim10^{-2}$，土的动力特性参数需要用不同的测试方法。室内常用的测试方法有超声波脉冲实验、共振柱实验、周期加荷三轴实验、动单剪实验和动扭剪实验。本实验的目的是对土试样进行振动三轴动强度（包括抗液化强度）特性实验、动力变形特性实验和动力残余变形特性实验，测定应力、应变、孔隙水压力或残余变形的变化过程，从而确定其在动力作用下的动强度（或抗液化强度）、动弹性模量和阻尼比、残余体积应变和残余轴向应变等动力特性指标。

10.2 实验方法

10.2.1 实验原理与目的

动三轴实验是在三轴应力条件下，对一定粒度、湿度、密度和结构的土试样施加动力荷载，按工程要求分别进行动强度、动模量与阻尼比实验。适用于砂土、粉土和黏土，一般采用固结不排水实验。三轴剪切实验是用圆柱状试样，在不同的周围压力下固结后，在不排水条件下施加不同大小的激振力，使试样发生轴向振动或轴向与侧向两个方向的振动，量测在振动过程中的轴向应力、应变以及孔隙水压力的变化，测试由于振动孔隙水压力增大发生液化或应变增大到某一数值的振动周数，根据实验可确定在实际饱和砂土层中发生液化的条件和土的动强度。也可用于测试大应变时试样的周期应力与周期应变的关系，确定其弹性模量与阻尼比。测定饱和土在动应力作用下的应力、应变和孔压的变化过程，从而确定其在动力作用下的破坏强度（或液化应力）。

测定土试样在应变大于 10^{-4} 时的动弹性模量与阻尼比。

测定振动孔压、应变的增长规律。

大应变：$10^{-4}\sim10^{-2}$ 用动三轴。

小应变：$10^{-6}\sim10^{-4}$ 用共振柱。

地震时，土层中土单元应力状态可看作图 10.1 所示的简化。地震荷载被看作由自下而上的剪切波引起的，是一种幅值、频率不断变化的不规则运动。当在振动三轴仪上模拟这种应力状态时，将不规则振动简化为等效常幅有限循环次数的振动，即在试件上模拟两种应力状态，有效覆盖压力引起的静应力 s_{g0} 和 $K_0\sigma_{\gamma 0}$ ，地震均匀循环剪应力为 τ_{hv} 。

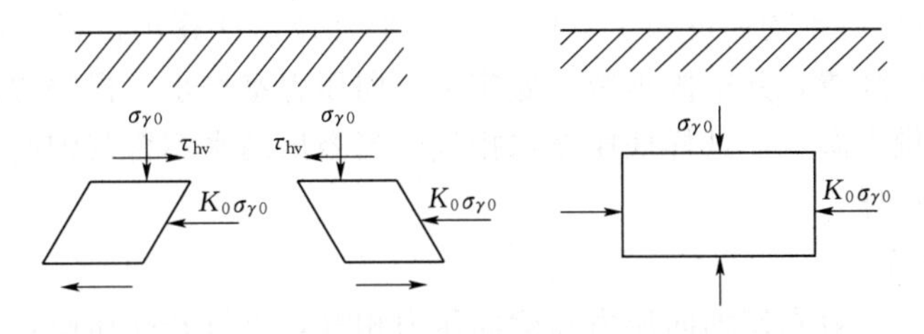

图 10.1 水平土层土单元应力状态

试件本身应在密度、饱和度和结构等方面尽可能模型现场土层的实际状况。除取原状土做实验外，在实验室内也须准备重塑试件。考虑地震过程时间短暂，地震产生的超孔压来不及消失，所以实验室是在不排水条件下进行的实验。为实现上述模型，实验中采用不排水循环载荷三轴实验来实现上述模型。

通过该实验，学生掌握试样的制备方法、动三轴实验仪的使用方法、动三轴测定土的动力学参数的基本操作以及实验数据的处理。

10.2.2 仪器设备

（1）振动三轴仪。按激振方式可分为惯性力式、电磁式、电液伺服式及气动式等振动三轴仪。其系统组成包括主机、静力控制系统、动力控制系统、量测系统、数据采集和处理系统。主机主要包括压力室和激振器。静力控制系统用于施加侧向压力、轴向压力、反压力，包括储气罐、调压阀、放气阀、压力表和管路等。量测系统用于量测轴向载荷、轴向位移及孔隙水压力，由传感器等组成。数据采集和处理系统包括数据采集卡、计算机、数据采集和处理程序、绘图和打印设备。整个系统的各部分均应有良好的频率响应，性能稳定。

（2）制样对开模、切样器、制样筒、饱和器。

（3）游标卡尺、烘箱、天平。

(4) 橡皮膜、滤纸。

10.2.3　操作步骤

1. 试样制备

(1) 黏性土试样（原状样）制备方法同静三轴实验。

(2) 砂土试样可按以下方法制备。

1) 首先使孔压管路完全充水，然后在底座上橡皮膜，安上对开模，并将橡皮膜上端向外翻套在对开模壁上，再用吸耳球由对开模壁吸嘴吸气，使橡皮膜紧贴对开模，形成一个符合试样要求的空腔。

2) 将透水石和滤纸放在底座上，注水至1/3处，将预先用无空气水浸泡并抽气备好的试料用小勺仔细地在水面下装进空腔，逐步上升至顶，使空腔内正好装入按预定密度及体积算得的干砂重，其允许误差应小于±0.02g/cm^3。

3) 放上滤纸及透水石，再放上试样帽，调整仪器上活塞，使试样帽与上活塞接触，把翻在对开模上的橡皮膜再向上套在上活塞上，并绑扎牢固。

4) 降低试样底部的排水管20～40cm，即可在试样内形成负压，然后拆除对开模，得到挺立的试样。

5) 测量试样的平均高度及上、中、下3个直径，计算出试样的制样体积和密度。套上压力室外罩，并牢固地装在底座上，向压力室充水，慢慢提高排水管，消除负压。打开供水阀，使试样底座充水排气，当溢出的水不含气泡时，按静三轴相关的规定安装试样。

2. 施加静荷

加静荷时，一般先使轴向压力和侧向压力相等，再打开孔压阀，测记孔隙水压力。然后打开排水阀，使试样在均压下排水固结，直至达到稳定（如关闭排水阀5min后孔压无上升），测记垂直变形和排水量。如果实验方案要求在偏压固结条件下进行，则应再逐级增加轴向压力。计算固结后试样的体积和密度。

3. 施加动荷

施加动荷就是向完成固结后的试样施加动应力。在施加动荷之前，关闭排水管阀，选择好拟加动荷的波形、幅值、频率、振次后施加动荷。实验过程中测记动应力、动应变和动孔压。大体可分为以下四步。

(1) 当测定动模量和阻尼比时，应在振动次数达到控制数目时终止实验。这种实验需要在多个试样上改变动应力进行，才能整理得到模量和阻尼比随应变幅值的变化。在小应变情况下允许采用一个试样逐级增大动应力的方法，每级达到控制的振动次数，最后实验全部结束。

(2) 当测定孔压、强度及液化指标时，则应在试样内部的孔压发展到等于侧向固结压力，或轴向动应变达到试样高度的10%以上时终止实验，记录实验的全过程。如果由于动应力太小，试样不能达到上述的孔压和应变而提前稳定在一个较低的水平上时，也应该终止实验，再重新制样，在增大的动荷下继续实验。

(3) 终止实验后，打开排水管，使孔压消散到零，关闭测试设备，并按与装样相反的顺序拆卸仪器，取出试样。

(4) 实验重复步骤 (1) ~ (3)，再进行其他 3 组实验。

如要做动力变形特性实验可参照以下步骤进行实验。

(1) 在动力变形特性实验中，根据振动实验过程中的轴向应力和轴向动应变的变化过程和应力应变滞回圈，计算动弹性模量和阻尼比；在进行动弹性模量和阻尼比随应变幅的变化实验时，宜采用逐级施加动应力幅值的方法，后一级的动应力幅值可控制为前一级的 1 倍左右，每级的振动次数不宜大于 5 次。

(2) 对于震动信号的选择，动力变形特性实验一般采用正弦波激振，振动频率一般宜采用 1.0Hz。试样固结好后，在计算机控制界面设定实验方案，包括振动次数、振动的动荷载大小、振动频率和振动波形等，并在计算机控制界面中新建实验数据存储的文件。

(3) 当所有工作检查完毕，并确定无误后，单击计算机控制界面的开始按钮，分级进行实验。实验结束后卸掉压力，关闭压力源，在需要时测定试样振后干密度，拆除试样。

(4) 同一干密度的试样，在同一固结应力比下可选 1～3 个不同的侧压力下实验，每一侧压力用 4～5 个试样，每个试样采用 4～5 级动应力，应保证后一级动应力大于前一级动应力的 2 倍以上。

10.2.4 成果整理

根据实验的原始数据，可视其需要整理出一定条件下的动应力和动应变关系，动模量和阻尼比、动孔隙水压力、动强度以及它们的变化规律。

1. 动模量

偏压固结完成后，关闭排水开关，再对每个试样分级施加逐级增长的动应力，由原始资料确定出振动过程中选定的振次（一般为第 2 次），用计算机采集动应力、动应变。按弹性应变和动应力的峰值绘出 σ_d-ε_d 关系曲线，即骨干曲线。根据该关系整理出不同 ε_d 时的动模量 E_d，作出 E_d-ε_d 关系曲线（图 10.2）。由于 σ_d-ε_d 关系近似符合以下的双曲线关系，即

$$E_d = \frac{\varepsilon_d}{a + b\varepsilon_d} \tag{10.1}$$

式中 a、b——实验常数。

故可转换出 $1/E_d$-ε_d（即 ε_d/σ_d-ε_d）关系为一直线，即可确定出 a、b 值，且有以下关系，即

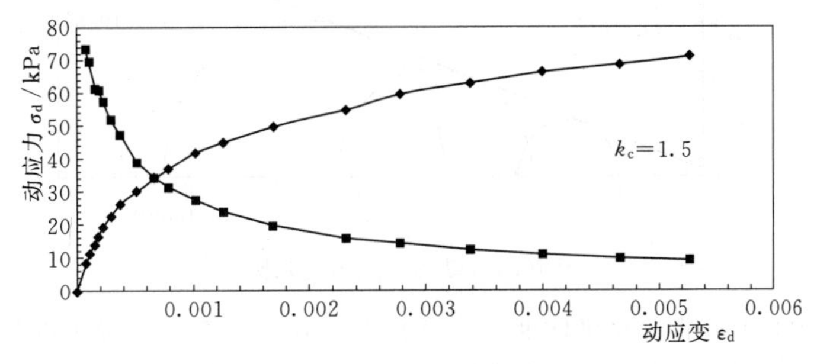

图 10.2 σ_d-ε_d、E_d-ε_d 关系曲线

$$a=\frac{1}{E_{dmax}} \tag{10.2}$$

$$b=\frac{1}{\sigma_{dmax}} \tag{10.3}$$

2. 阻尼比

阻尼比根据选定振次（$N=2$）一个周期内各时刻的动应力和动应变得出的滞回圈大小计算得出，再做出 $\lambda-\varepsilon_d$（弹性应变）关系曲线（图10.3）。阻尼比随着动应变增加的变化趋势符合一般常见的规律，把此曲线向前、后加以延伸，得到$\varepsilon_d=10^{-4}\sim10^{-2}$范围内不同应变幅值所对应的阻尼比。

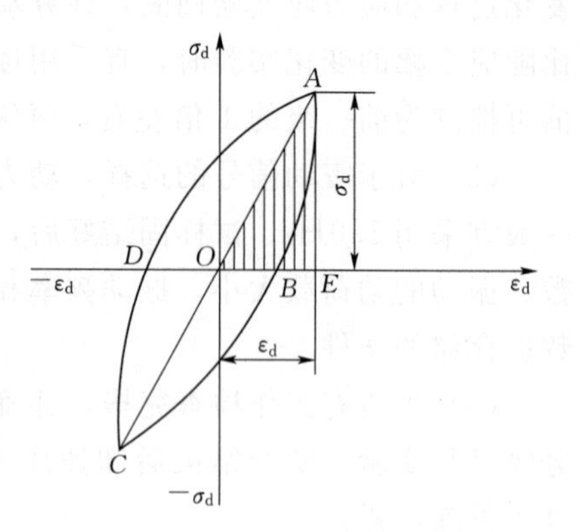

图10.3　应力应变滞回圈

作出在一周加荷的动应力和动应变之间的关系曲线，即动应力动应变滞回圈，再由它围定的面积A_0和应力应变三角形的面积A_T计算阻尼比λ，与相应动应力幅下的动应变幅ε_d对应作出阻尼比λ与动应变幅ε_d的关系。如滞回圈不闭合，需作近似处理。阻尼比定义为土的阻尼系数与临界阻尼系数（不引起土振动的最小阻尼系数）之比，即

$$\lambda=\frac{A_0}{4pA_T} \tag{10.4}$$

式中　A_0——滞回圈包围的面积，表示加荷与卸荷损失的能量；

A_T——滞回圈顶点至原点连线与横轴所形成的三角形的面积；

p——加荷或卸荷的应变能。

3. 动强度

动强度实验是在试样固结完成后施加动应力进行振动直到破坏为止，用计算机采集振动过程中的动应力、动应变及动孔压的变化过程。在同一实验条件（相同的密度、固结应力比、周围压力）下，分别施加4～5个不同的动应力进行动强度实验。按综合应变等于5%作为破坏标准。按相应的破坏标准提取破坏振次N_f，从而做出动应力σ_d与破坏振次N_f之间关系，如图10.4所示。

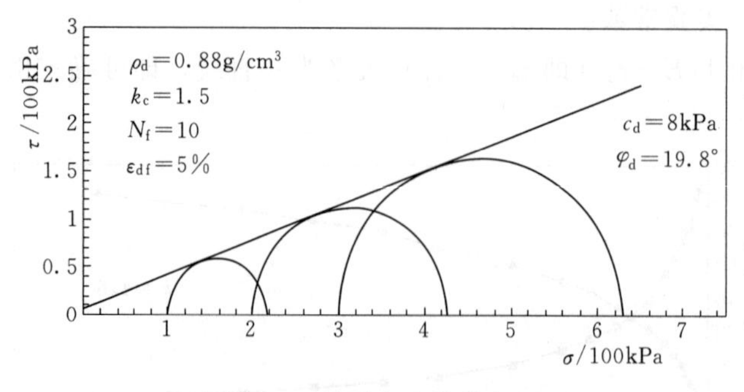

图10.4　动强度应力莫尔圆

按一定的强度标准（液化标准、应变标准、孔压标准及屈服标准）可确定作用动应力幅σ_d对应的破坏振次N_f和孔隙水压力U_d，分别作出动应力比$\sigma_d/2\sigma_{3c}$与破

坏振次 N_f（对数坐标）的关系曲线，如图 10.5 所示。

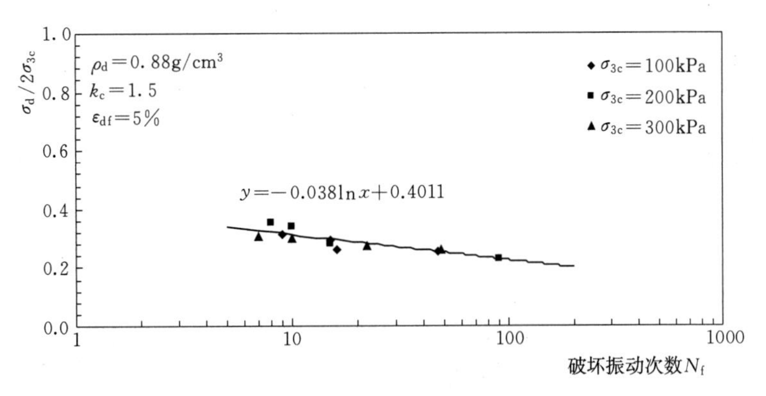

图 10.5　试样的 $\sigma_d/2\sigma_{3c}$ - N_f 关系曲线

下篇

土力学应用开放性实验

第11章 综合模型实验

11.1 实验原理

土力学是研究土的物理性质以及在荷载作用下土体内部的应力变形和强度规律，进而解决与土体变形和稳定有关工程问题的一门学科，具有很强的工程实践背景。关于土力学学科现有的教学实验仪器多为依据实验教学章节安排的，测定某些物理指标而设定的仪器，如固结仪、直接剪切仪、渗透仪等，这些实验项目中缺少与土力学的综合应用，如挡土墙、土压力及地基承载力等实验缺乏相关综合性实验仪器，无法发挥学生的主观能动性，也不能很好地培养学生的工程实践能力。同时，在工程实践和科研中，随着我国城市化进程和交通的快速发展，不同形式的地基处理及挡土墙在相关工程中得到了广泛的应用。相关的模型实验也多集中在为测量某一类型而设计的模拟实验，缺少综合性模型实验，造成模型实验装置的利用率低、材料浪费，同时科研上所采用的模型实验中模型实验箱箱体较大，占地多，并且多为不透明的钢板材质，不利于教学和在教学过程中学生对土体在应力作用下发生破坏模式的观测，不利于相关科研项目中预备模型实验的进行。因此，结合已有的工程实践，结合教学改革，研制一套能进行地基破坏模式展示及不同形式挡土墙受力与变形分析的多功能实验仪器势在必行。

将土力学实验与工程实际相结合、与科研相结合，在土力学教学中引入易于操作、占地面积小的模型实验。模型实验按照相似原则，把体积不易把握、不易观测的原型按照一定的比例进行缩放，从而得到易于操作，突出所要研究问题的主要方面，对原型中发生的某些现象、本质与机理进行再现与揭示。

正常的土力学实验课程外通过开放式实验或大学生创新实验的方式引入土力学模型实验教学，通过设定一定的研究方向，引导学生查阅文献，了解要研究的课题，并在实验前进行分小组总结汇报，然后结合已有的模型实验设备，制订相关实验方案，共同完成教学任务和目标。在整个过程中，学生根据土力学课程理论，以学生为中心，以所要解决的实际问题为导向，以实验教师为指导的方式进行。满足土木工程教育专业认证的成果导向、以学生为中心、持续改进的要求。

物理模型模拟方法是以模型与原型之间的相似规律为基础的一种模拟实验方法，其理论基础是相似理论，借助与原型相似的物理模型，间接地研究客体原型的一种特殊研究方法。物理模型实验是一种发展较早、应用广泛、形象直观的岩土介质物理力学特性研究方法，长期以来，模型实验一直是解决复杂工程课题的重要手段，在岩土工程研究中得到广泛应用。它既用来检验各种理论分析和数值计算，也用于指导实际工程的设计和施工。近年来陆续兴建了许多重大的岩土工程，人们对岩土工程问题的认识逐渐深入。各种模型实验受到越来越多的重视。岩土模型实验是在通常的重力场中，在一定的边界条件下对土工建筑物或地基进行模拟，量测有关应力变形数据，通过一定的理论计算或数据计算来检验理论计算结果，也是岩土的应力与应变关系研究的一种手段。模型实验研究是一种比较直观的科学研究方法，可根据实际需要进行实验设计，通过模型实验对各种复杂的岩土工程结构的工作性能进行实验研究，因此，岩土工程中通过各类模型实验探讨土-结构系统力学响应机制逐渐成为实验研究的重要发展方向之一。模型实验要求模型与原型之间遵循一定的相似准则，使得模型可以再现原型的特性。

模型实验中根据原型对岩土的力学特性进行预测分析，其关键在于解决模型结果与实际结构力学特性之间的关系。模型研究中常用的相似有三种相似关系，即几何相似和运动学相似和力学相似，几何相似要求模型和原型的相应线性尺度之间具有同一比例关系即形状相似，运动相似是指模型和原型上所有相应点的广义位移的变化量具有相同的方向和相同的比例常数。动力相似即模型和原型中相应质点所受的作用力应保持固定比例。

1. 几何相似

结构模型和原型满足几何相似，即要求模型和原型结构之间所有对应部分尺寸成比例。模型比例即为长度相似常数，即

$$S_l = \frac{l_m}{l_p} = \frac{b_m}{b_p} = \frac{h_m}{h_p} \tag{11.1}$$

式中　S_l——几何相似常数；

l，b，h——结构的长、宽、高3个方向的线性尺寸；

m，p——代表模型和原型。

对一矩形截面，模型和原型结构的面积相似常数、截面抵抗矩相似常数和惯性矩相似常数分别如下。

面积相似常数为

$$S_A = \frac{A_m}{A_p} = \frac{h_m b_m}{h_p b_p} = S_l^2 \tag{11.2}$$

式中　l，b，h——结构的长、宽、高3个方向的线性尺寸；

m，p——代表模型和原型。

截面抵抗矩相似常数为

$$S_W = \frac{W_m}{W_p} = \frac{\frac{1}{6} b_m h_m^2}{\frac{1}{6} b_p h_p^2} = S_l^3 \tag{11.3}$$

式中　l，b，h——结构的长、宽、高3个方向的线性尺寸；

m，p——代表模型和原型。

惯性矩相似常数相似常数为

$$S_I = \frac{I_m}{I_p} = \frac{\frac{1}{12}b_m h_m^3}{\frac{1}{12}b_p h_p^3} = S_l^4 \tag{11.4}$$

式中 l，b，h——结构的长、宽、高 3 个方向的线性尺寸；

m，p——代表模型和原型。

2. 质量相似

模型与原型结构对应部分质量成比例，质量之比称为质量相似常数，有

$$S_m = \frac{m_m}{m_p} \tag{11.5}$$

式中 S_m——质量相似常数；

m，p——代表模型和原型。

对于具有分布质量部分，用质量密度 ρ 表示，即

$$S_\rho = \frac{\rho_m}{\rho_p} \tag{11.6}$$

3. 荷载相似

要求模型与原型在各对应点所受的荷载方向一致，大小成比例。

集中荷载相似常数为

$$S_p = \frac{P_m}{P_p} = \frac{A_m s_m}{A_p s_p} = S_s S_l^2 \tag{11.7}$$

线荷载相似常数为

$$S_w = S_\sigma S_l \tag{11.8}$$

面荷载相似常数为

$$S_q = S_\sigma \tag{11.9}$$

弯矩或扭矩相似常数为

$$S_M = S_\sigma S_l^3 \tag{11.10}$$

4. 物理相似

要求模型与原型的各相应点的应力和应变、刚度和变形间的关系相似。

$$S_\sigma = \frac{\sigma_m}{\sigma_p} = \frac{E_m \varepsilon_m}{E_p \varepsilon_p} = S_E S_\varepsilon \tag{11.11}$$

$$S_\tau = \frac{\tau_m}{\tau_p} = \frac{G_m \gamma_m}{G_p \gamma_p} = S_G S_\gamma \tag{11.12}$$

$$S_\mu = \frac{\mu_m}{\mu_p} \tag{11.13}$$

式中 S_σ，S_E，S_ε，S_τ，S_G，S_γ，S_μ——代表正应力、弹性模量、正应变、剪应力、剪切模量、剪应变和泊松比的相似常数。

5. 边界条件相似

要求模型与原型在与外界接触的区域内的各种条件（支承条件、约束条件和边界上的受力情况等）保持相似。模型与原型两者必须相似。模型和原型之间的同类物理量之比为常数，称为相似常数（相似常数）；最常遇到的是弹性相似。各物理量的相似常数见表 11.1。

表 11.1　　常用物理量的相似常数

物理量名称	原型	模型	相似常数
几何尺寸	l_p	l_m	$C_l=\frac{l_p}{l_m}$
应力	σ_p	σ_m	$C_\sigma=\frac{\sigma_p}{\sigma_m}$
位移	δ_p	δ_m	$C_\delta=\frac{\delta_p}{\delta_m}$
弹性模量	E_p	E_m	$C_E=\frac{E_p}{E_m}$
泊松比	μ_p	μ_m	$C_\mu=\frac{\mu_p}{\mu_m}$
重力密度	γ_p	γ_m	$C_\gamma=\frac{\gamma_p}{\gamma_m}$
面力（边界应力）	$\bar{q}_p$	$\bar{q}_m$	$C_{\bar{q}}=\frac{\bar{q}_p}{\bar{q}_m}$
体力	q_p	q_m	$C_q=\frac{q_p}{q_m}$
力	P_p	P_m	$C_p=\frac{P_p}{P_m}$

6. 相似三定理

(1) 相似第一定理。彼此相似的现象，以相似常数组成的受现象制约的相似指标等于 1 或相同文字组成的相似准数为一不变量。相似第一定理阐述了相似现象的性质及各物理量之间存在的关系。例如，已知描述物理过程的方程，通过相似常数的转换，可导出相似指标与相似准数，这种方法称为方程分析法。相似第一定理是指出两个相似物体之间物理量的关系，具体可以归纳为：①相似现象可以用完全相同的方程组来表示；②用来表征这些现象的一切物理量在空间相对应的各点、在时间上相对应的各瞬间各自互成一定比例关系。相似常数为在两相似现象中，两个对应的物理量之比为常数。相似指标为由彼此相似现象中各相似常数组成的无量纲量，彼此相似的现象都满足相似指标等于 1 的条件。相似准数是指在所有相似的现象中是一个不变量、无量纲量，所有相似的系统的相似准数应相等。

(2) 相似第二定理。表示物理过程的方程，都可以转换成由相似准数组成的综合方程。相似的现象不仅仅相似准数应相等，综合方程也必须相同。相似第二定理描述了物理体系中各个物理量之间的关系，相似准则之间的函数关系。一般用 π 定理来表示：如果一个满足量纲均衡性的方程包含 n 个物理量，其中有 r 个具有相互独立的量纲，则这个方程可以改变为包含 $n-r$ 个由这些物理量组成的独立的无量纲数的关系式，即

$$f_1(\pi_1,\pi_2,\cdots,\pi_n)=0 \tag{11.14}$$

π 关系式的性质：①对于彼此相似的现象，π 关系式相同；② π 关系式中的 π 项在模型实验中有自变项与应变项之分，自变项是由单值条件的物理量所组成的定性准则，应变项是包含非单值条件的物理量的非定性准则；③若能做到原型与模型中的自变 π 项相等，由应变 π 项与自变 π 项之间的关系式可以得到应变 π 项，然后推广到原型中作为工程设计的各种参数。

(3) 相似第三定理。相似第三定理表述：如果两体系的单值条件相似，而且由

单值条件中各量所组成的相似准数相等，则这两体系是相似的。单值条件是指从一群现象中把一具体现象从中区分出来的那些条件，换言之，即由表征体系物理过程的方程式解出的各个量表征着单一的现象，如边界条件、初始条件等。如两个现象的单值条件相似，而且由单值量组成的同名相似准则数值相同，则这两个现象相似。相似第三定理是解决两个同类物理现象满足什么条件才能相似的问题。第一条件：由于相似现象服从同一的自然规律，因此，可被完全相同的方程描述。第二条件：具有相同的文字方程式，其单值条件相似，并且从单值条件导出的相似准则的数值相等。

(4) 相似三定理之间的关系。相似第一定理和第二定理是从现象相似基础上出发来考虑问题，第一定理说明了相似现象各物理量之间的关系，并以相似准则的形式表示出来。第二定理指出了各相似准则之间的关系，便于将一现象的实验结果推广到其他现象。相似第三定理直接同代表具体现象的单值条件相联系，并且强调单值量相似，所以显示出科学上的严密性，是构成现象相似的充要条件，是一切模型实验应遵守的理论指导原则。

但是在一些复杂的现象中，很难确定现象的单值条件，仅能借经验判断何为系统最主要的参量，或者虽然知道单值量，但是很难做到模型和原型由单值量组成的某些相似准则在数值上一致，这使得相似第三定理得以应用，并因此使模型实验结果带来近似的性质。限于篇幅，此处仅对相似原理做简单介绍，有关相似的更详细解释可参阅相关著作。

11.2 实验方法

11.2.1 模型实验箱

模型实验箱目的是提供一种综合模型实验仪，解决现有土力学教具在使用中功能单一、体积较大的问题。

一种综合模型实验仪所采用的技术方案：底座上依次设置有传动墙、箱体和支架，传动墙一侧设置有电机，另一侧通过量力环与箱体相连接；支架上设置有量表架，量表架一端固接支架，另一端设置有位移计，位移计上还连接有位移测量装置。

箱体包括与传动墙相平行的挡土墙和固定墙，挡土墙和固定墙之间使用有机玻璃闭合；挡土墙一侧通过量力环与传动墙相连接。

位移测量装置包括钢柱，钢柱两端分别连接位移计和压板，钢柱上还设置有矩形的固定框，沿固定框长向一端铰接有钢柱，另一端与杠杆相接触，杠杆上还设置有砝码；压板位于箱体的顶部，固定框套接于箱体外部。动力装置为手摇动螺杆。量力环内设置有测微表。有机玻璃外壁竖直方向分布有钢筋，如图 11.1、图 11.2 所示。

下面结合图 11.1 对装置进行详细说明。

综合模型实验仪左视图如图 11.2 所示。底座上依次设置有传动墙、箱体和支架，传动墙一侧设置有螺纹杆，另一侧通过量力环与箱体相连接；支架上设置有量

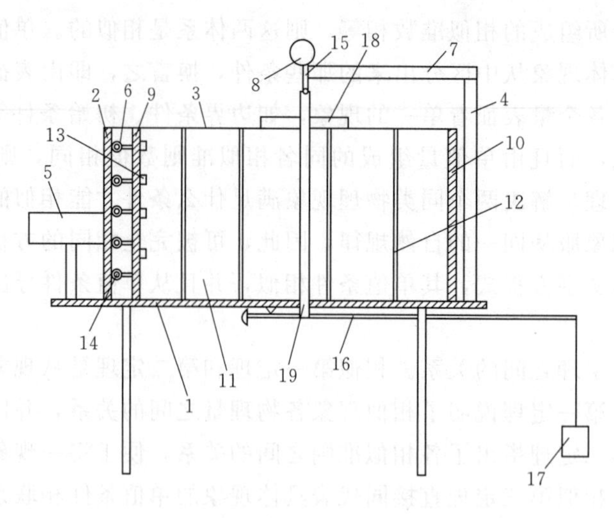

图 11.1 综合模型实验仪的结构示意图

1—底座；2—传动墙；3—箱体；4—支架；5—电机；6—量力环；7—量表架；8—位移计；
9—挡土墙；10—固定墙；11—有机玻璃；12—钢筋；13—压力盒；14—测微表；
15—钢柱；16—杠杆；17—砝码；18—压板；19—固定框

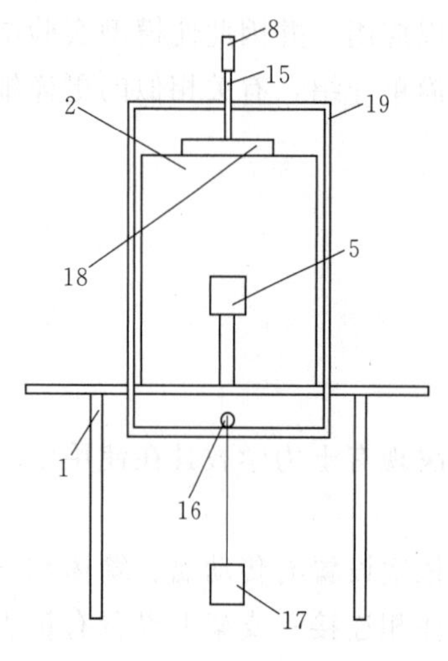

图 11.2 模型箱左视图
(图注与图 11.1 相同)

表架，量表架一端连接支架，另一端设置有位移计，位移计上还连接有位移测量装置。箱体包括与传动墙相平行的挡土墙和固定墙，挡土墙和固定墙之间通过有机玻璃形成闭合的方形环体；挡土墙一侧通过量力环与传动墙相连接，在进行水平方向挤压过程中，量力环内设置的测微表测量出传动墙和挡土墙之间压力的大小，通过电机施加的动力均匀地分布在挡土墙上，继而通过量力环测量出电机施加的动力，测出主动土压力情况下挡土墙上的压力分布，挡土墙另一侧设置有压力盒，在竖直应力测试中，压力盒测量出箱体内土层与挡土墙之间压力的大小。

如图 11.2 所示，位移测量装置包括钢柱 15，钢柱 15 两端分别连接有位移计 8 和压板 18，钢柱 15 上还设置有矩形的固定框 19，沿固定框 19 长向一端铰接有钢柱 15，沿固定框 19 长向另一端与杠杆 16 相接触，杠杆比设定为 1∶10，杠杆 16 上还设置有砝码 17，由于杠杆比不变，通过增减砝码 17 的重量，使套接于箱体外部的固定框 19 在竖直方向上下移动，通过砝码 17 的重量计算出钢柱 15 上的压力，将钢柱 15 上的压力传递给压板 18，使位于箱体顶部的压板 18 对土层产生压力，从而计算出竖向载荷下的土压力，位移计 8 测量出在载荷作用下的土体中间部位的位移变量。通过采用有机玻璃能够使操作者便于观察箱体内土体变形规律，便于将土力学中常见的挡土墙的不同破坏类型及地基在荷载作用下超过其承载力破坏现象进行演示；其体积较小，功能多样，结构简单，有很好的使用价值。本综合实验仪已授权国家专利。

11.2.2 挡土墙模型实验

1. 实验目的

挡土结构是一种常见的岩土工程建筑物，它是为了防止边坡的坍塌失稳及保护边坡的稳定而人工完成的构筑物。挡土墙在工程建设中被广泛应用，挡土墙按照其结构划分，可分为重力式、悬臂式、扶臂式、锚杆式和加筋土式等类型。根据实测和理论分析，挡土墙土压力的大小及其分布规律受到墙体可能的移动方向、墙后填土的种类、填土面的形式、墙的截面刚度和地基的变形等一系列因素的影响。根据墙的位移情况和墙后土体所处的应力状态，土压力可分为主动土压力、被动土压力及静止土压力3种。通过模型实验可对以上3种土压力类型进行直观地验证。

2. 实验原理

由于土体自重、土上荷载或结构物的侧向挤压作用，挡土结构物所承受的来自墙后填土的侧向压力称为土压力。根据挡墙与土直接应力状态及方向可分为：①主动土压力，当挡土墙向离开土体方向偏移至土体达到极限平衡状态时，作用在墙上的土压力称为主动土压力，用 E_a 表示；②被动土压力，当挡土墙向土体方向偏移至土体达到极限平衡状态时，作用在挡土墙上的土压力称为被动土压力，用 E_p 表示；③静止土压力，当挡土墙静止不动，土体处于弹性平衡状态时，土对墙的压力称为静止土压力，用 E_0 表示。

本模型实验按照相似原理进行设计，为简便起见，模型主要作用力为重力，对力不进行缩尺，即为1g条件下的模型实验。因此，该模型实验不需要进行离心实验。模型实验遵循上一节中的相似规律。

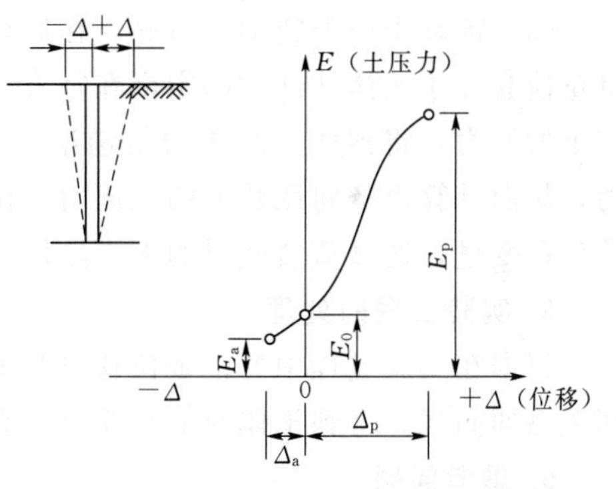

图11.3 墙身位移与静止土压力 E_0 的关系

E_0—静止土压力；E_a—主动土压力；E_p—被动土压力

3. 仪器设备

实验所用的仪器设备主要如下。

（1）模型箱，具体介绍见11.2.1小节。

（2）台秤。

（3）天平。

（4）丁字尺、卷尺、钢尺、水准仪、相机等。

（5）环刀及其他。

4. 操作步骤

（1）挡土墙相似比例的确定（表11.2）。根据工程实际及场地条件对挡土墙进行相似比例确定。

（2）根据工程实际情况，控制土体干密度对土层进行堆积；一般利用土的最优含水率 $w_{op}-2\%\sim+3\%$ 的土，控制压实度90%以上进行分层夯击。

（3）在箱体内进行普通土层和有色土层的交叉铺放，铺好土层后，用环刀法检测其压实度，看是否满足设计要求。

表11.2 挡土墙实验方案表

序号	实验步骤	实验内容及要求	实验类型
1	理论分析	不同类型挡土墙土压力分布规律理论分析	设计型
2	方案设计	挡土墙综合实验方案设计	
3	荷载及材料准备工作	(1) 按照一定的干密度准备所需土； (2) 对土体进行一定含水率的实验配制	
4	荷载施加及量测	(1) 制订实验方案（量测项目、部位的选择、仪表的选择与测读原则、观测记录方法的确定等）； (2) 组织实施方案； (3) 记录原始数据； (4) 实验结果整理	
5	完成报告	(1) 描述实验目的、实验对象、实验方法、实验方案； (2) 实验结果处理及分析（要求图、文、表并茂）； (3) 实验结论； (4) 实验认识及体会	

(4) 被动土压力施加与量测。在进行水平压力测试中，给电机设定速度，电机依次通过挡板和量力环给挡土墙施加压力，模拟水平力对土层进行施压的过程，观察者可以通过土层的变形，读取量力环内测微表的读数，得到被动土压力。

(5) 被动土压力施加与量测。在进行竖直方向的压力测试中，通过增减砝码的重量使套接于箱体外部的固定框在竖直方向上向下移动，通过砝码的重量计算出钢柱上的压力，将钢柱上的压力传递给压板，使位于箱体顶部的压板对土层产生压力，从而计算出竖向载荷下的土压力，位移计测量出在载荷作用下的土体中间部位的位移变量，通过荷载砝码的大小箱体承受压力的大小，得到主动土压力。

5. 实验数据的处理

根据在实验过程中的记录位移量与荷载之间的关系，得到应力与挡土墙位移之间关系的曲线，得到土体变形与应力关系的图像。

6. 思考问题

(1) 结合本次实验，探讨挡土墙破坏主要模式及防治措施。

(2) 影响挡土墙土压力的因素有哪些？

11.2.3 地基承载力模型实验

1. 实验目的

地基承受建筑物荷载作用后，内部应力发生变化，一方面，附加应力引起地基内土体变形，造成建筑物沉降。若引起基础过大的沉降或者沉降差，会使上部结构倾斜、开裂以致毁坏或失去使用价值。另一方面，当某一点的剪应力达到土的抗剪强度时，土就处于极限平衡状态。若土体中某一区域内各点都达到极限平衡状态，就形成极限平衡区（塑性区）。如荷载继续增大，地基内极限平衡区的范围不断增大，局部塑性区发展成为连续贯穿到地表的整体滑动面。这时，基础下一部分土体将沿滑动面产生整体滑动，称为地基失去稳定。地基承受建筑物荷载作用后，附加应力引起地基内土体变形，造成建筑物沉降。若引起基础过大的沉降或者沉降差，会使上部结构倾斜、开裂以致毁坏或失去使用价值。通过模型实验可以对荷载超过地基承载力时的破坏进行直观地再现，并对地基承载力进行量测与判断。

2. 实验原理

实验研究表明，在荷载作用下，建筑物地基的破坏通常是由于承载力不足而引起的剪切破坏，地基剪切破坏的型式可分为整体剪切破坏、冲切破坏和局部剪切破坏3种。

(1) 整体剪切破坏，如图11.4 (a) 所示。荷载作用下，荷载较小时，基础下形成一三角形压密区，随同基础压入土中，这时的 $p-S$ 曲线呈直线关系，随着荷载增加，压密区挤向两侧，基础边缘土中首先产生塑性区，随着荷载增大，塑性区逐渐扩大，逐步形成连续的滑动面，最后滑动面贯通整个基底，并发展到地面，基底两侧土体隆起，使基础下沉或倾斜而破坏。整体剪切破坏常发生于浅埋基础下的密实砂土或密实黏土中。

(2) 冲切破坏，如图11.4 (b) 所示。软土（松砂或软黏土）中，随着荷载的增加，基础下土层发生压缩变形，基础随之下沉；荷载继续增加，基础周围的土体发生竖向剪切破坏，使基础沉入土中。其 $p-S$ 曲线没有明显的转折点。

(3) 局部剪切破坏，如图11.4 (c) 所示。类似于整体剪切破坏，但土中塑性区仅发展到一定范围便停止，基础两侧的土体虽然隆起，但不如整体剪切破坏明显，常发生于中密土层中。其 $p-S$ 曲线也有一个转折点，但不如整体剪切破坏明显，过了转折点后，沉降较前一段明显增大。弹性阶段末期对应的基底压力记为 p_{cr}。

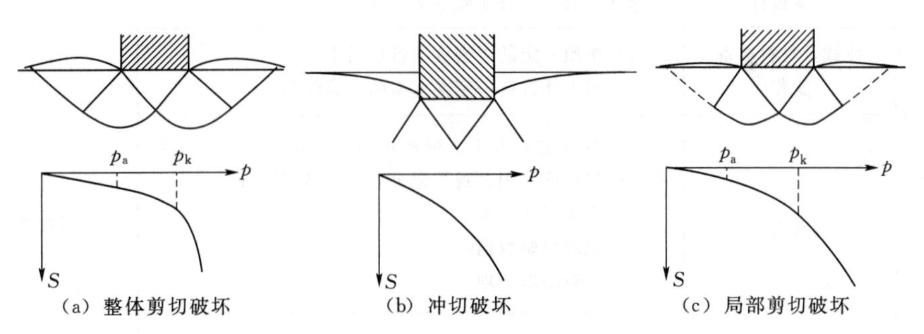

图11.4 地基土破坏模式图

3. 仪器设备

(1) 模型箱，具体介绍见11.2.1小节。

(2) 台秤。

(3) 天平。

(4) 丁字尺、卷尺、钢尺、水准仪、相机等。

(5) 环刀及其他。

4. 操作步骤

(1) 根据工程实际确定相似比例。

(2) 根据工程实际情况，控制土体干密度对土层进行堆积；一般利用土的最优含水率 $w_{op}-2\%\sim+3\%$ 的土，控制压实度90%以上进行分层夯击。

(3) 荷载施加与量测。进行地基承载力实验时，将挡板固定，此时主要用到的是地基承载力加载系统和有机玻璃箱。

通过杠杆原理向该系统逐级施加压力。加载分级：每级加载为预估极限承载力的 1/15～1/10。每级加载后，第一小时内按间隔 10min、10min、10min、15min、15min，以后为每隔半小时测读一次沉降，当连续两小时内每小时的沉降量小于 0.1mm 时，则认为已趋稳定，可加下一级荷载。

当出现下列情况之一时，可终止加载。

(1) 沉降 S 急骤增大，荷载—沉降（$p-S$）曲线上有可判定极限承载力的陡降段，且沉降量超过 $0.04d$（d 为承压板直径）。

(2) 在某级荷载下，24h 内沉降速率不能达到稳定标准。

(3) 本级沉降量大于前一级沉降量的 5 倍。

(4) 当持力层土层坚硬，沉降量很小时，最大加载量不小于设计荷载的 2 倍。则判定土体破坏，停止加载，并将上一级荷载作为地基的极限荷载。根据地基承载力实验系统判断其破坏时的形态。用丁字尺及量角器量测土体形态变化特征并作图。记录荷载与中间部位位移变化的 $p-S$ 曲线。对于有机玻璃箱，通过底座进行加固，在前后面用钢筋进行加固处理，防止其出现向外限制侧向鼓胀。实施方案计划见表 11.3。

表 11.3　地基承载力实验方案表

序号	实验步骤	实验内容及要求	实验类型
1	理论分析	不同类型地基的破坏型式规律理论分析	设计型
2	方案设计	地基承载力综合实验方案设计	
3	荷载及材料准备工作	(1) 按照一定的干密度准备所需土； (2) 对土体进行一定含水率的实验配制	
4	荷载施加	(1) 制订实验方案（量测项目、部位的选择、仪表的选择与测读原则、观测记录方法的确定等）； (2) 组织实施方案； (3) 记录原始数据； (4) 实验结果整理	
5	完成报告	(1) 描述实验目的、实验对象、实验方法、实验方案； (2) 实验结果处理及分析（要求图、文、表并茂）； (3) 实验结论； (4) 实验认识及体会	

5. 实验数据的处理

根据在实验过程中的记录位移量与荷载之间的关系，得到应力与地基承载力破坏模式及通过 $p-S$ 曲线判断地基土破坏过程中的应力—位移之间关系的曲线。得到土体变形与应力关系的图像。

6. 思考问题

(1) 地基破坏模式有几种？发生整体剪切破坏时 $p-S$ 曲线的特征如何？

(2) 结合本次实验，探讨地基土体破坏主要模式及常用地基处理方法。

（3）在软黏土地基上填筑路基时，为了保证路堤不致发生滑动破坏，可以采取哪些措施？

11.2.4 边坡模型实验

1. 实验目的

土坡是具有倾斜坡面的土体。土坡有天然土坡，也有人工土坡。天然土坡是由于地质作用自然形成的土坡，如山坡、江河的岸坡等；人工土坡是经过人工挖填的土工建筑物，如基坑、渠道、土坝、路堤等的边坡。土坡由于其表面倾斜，在自重或外部荷载的作用下，存在着向下移动的趋势，一旦潜在滑动面上的剪应力超过该面上的抗剪强度，稳定平衡遭到破坏，就可能造成土坡中一部分土体相对于另一部分土体的向下滑动，该滑动现象称为滑坡。剪应力达到抗剪强度起因有两种：一是剪应力增大，土坡上施加过量荷载；降雨使土体饱和等；二是抗剪强度减小，孔隙水压力增大；气候变化产生干裂、冻融。天然的斜坡、填筑的堤坝以及基坑放坡开挖等问题，可能改变滑动面上的剪应力与抗剪强度，这种工作称为稳定性分析。土坡在荷载等作用下，当其下滑力大于抗滑力时将发生失稳破坏。结合室内直接剪切实验，通过模型实验课宏观地展现坡体发生失稳破坏的过程。

2. 实验原理

根据滑动的诱因，可分为推动式滑坡和牵引式滑坡。推动式滑坡是由于坡顶超载或地震等因素导致下滑力大于抗滑力而失稳，牵引式滑坡主要是由于坡脚受到切割导致抗滑力减小而破坏；根据滑动面形状的不同，滑坡破坏通常有以下两种形式：①滑动面为平面的滑坡，常发生在匀质的和成层的非均质的无黏性土构成的土坡中；②滑动面为近似圆弧面的滑坡，常发生在黏性土坡中。土坡滑动失稳的原因一般有以下两类情况：①外界力的作用破坏了土体内原来的应力平衡状态，如基坑的开挖，由于地基内自身重力发生变化，又如路堤的填筑、土坡顶面上作用外荷载、土体内水的渗流、地震力的作用等；②土的抗剪强度由于受到外界各种因素的影响而降低，促使土坡失稳破坏。滑坡的实质是土坡内滑动面上作用的滑动力超过了土的抗剪强度。土坡的稳定程度通常用安全系数来衡量，它表示土坡在预计的最不利条件下具备的安全保障。土坡的安全系数为滑动面上的抗滑力矩 M_r 与滑动力矩 M 的比值，即 $K=M_r/M$（或是抗滑力 T_f 与滑动力 T 的比值，即 $K=T_f/T$）；或为土体的抗剪强度 τ_f 与土坡最危险滑动面上产生的剪应力 τ 的比值，即 $K=\tau_f/\tau$。也有用内聚力、内摩擦角、临界高度表示的。对于不同的情况，采用不同的表达方式。土坡稳定分析的可靠性在很大程度上取决于计算中选用的土的物理力学性质指标（主要是土的抗剪强度指标 c、φ 及土的重度 γ 值），只有选用得当才能获得符合实际的稳定分析。

3. 仪器设备

（1）模型箱，具体介绍见 11.2.1 小节。

（2）台秤。

（3）天平。

（4）丁字尺、卷尺、钢尺、水准仪、相机等。

（5）环刀及其他。

4. 操作步骤

(1) 土坡相似比例的确定，根据工程实际对土坡进行相似比例的确定。

(2) 根据工程实际情况控制土体干密度对土层进行堆积；一般利用土的最优含水率 $w_{op}-2\%\sim+3\%$的土，控制压实度 90%以上进行分层夯击。

(3) 根据工程实际设定一定的边坡角度。

(4) 进行力实验时，可将活动挡板固定，此时主要用到的是加载系统和有机玻璃箱。通过杠杆原理向坡肩处逐级施加压力。当加载至某级荷载下，边坡位移急剧增加，坡面出现裂缝和土体滑落，则判定土体破坏，停止加载，并将上一级荷载作为地基的极限荷载。用相机及水准仪记录边坡破坏过程中土体的变化规律，用丁字尺及量角器量测土体形态变化特征并作图。记录荷载与边坡不同部位位移变化的情况。对于有机玻璃箱，通过底座进行加固，在前后面用钢筋进行加固处理，防止其出现向外限制侧向鼓胀。实施方案计划见表 11.4。

表 11.4　地基承载力实施方案表

序号	实验步骤	实验内容及要求	实验类型
1	理论分析	坡体的破坏型式规律理论分析	设计型
2	方案设计	坡体承载力综合实验方案设计	
3	荷载及材料准备工作	(1) 按照一定的干密度准备所需土； (2) 对土体进行一定含水率的实验配制	
4	荷载施加	(1) 制订实验方案（量测项目、部位的选择、仪表的选择与测读原则、观测记录方法的确定等）； (2) 组织实施方案； (3) 记录原始数据； (4) 实验结果整理	
5	完成报告	(1) 描述实验目的、实验对象、实验方法、实验方案； (2) 实验结果处理及分析（要求图、文、表并茂）； (3) 实验结论； (4) 实验认识及体会	

5. 实验数据的处理

根据在实验过程中记录的位移量与荷载之间的关系，得到边坡不同部位应力与位移关系曲线及边坡破坏模式；得到坡体变形与应力关系的图像。通过位移与时间的关系，探索边坡破坏的发展规律。

6. 思考问题

(1) 结合本次实验，探讨荷载作用下坡体破坏形态及常用的工程防护措施。

(2) 根据实验判断土坡破坏的类型。

第12章

岩土工程监测、检测技术实验

12.1 实验概述

随着工程建筑的深入发展，岩土工程检测技术在解决实际问题中所发挥的作用也越来越大，岩土工程监测是一门综合性很强的应用技术，它是以工程地质学、土力学、岩石力学、钢筋混凝土力学及土木工程设计理论和方法等学科为理论基础，以仪器仪表、传感器技术、计算机与通信技术、大地测量技术、测试技术、信息科学等学科为技术支持，同时还融合土木工程施工工艺和工程实践经验，以岩土体及工程结构的稳定性动态评估为主要目的的综合性应用技术。

岩土工程监测是工程建设施工期或运营期在现场对岩土性状和地下水的变化，岩土体和结构物的应力、位移进行系统监视和观测。现场监测主要包含3个方面的内容：①对岩土体所受到的施工作用和各类荷载的大小以及在这些荷载作用下岩土反应性状的监测，如土与结构物之间接触压力的量测、岩土体中的应力量测、岩土体表面及其内部的变形与位移监测及孔隙水压力的量测等；②对施工或运营中的结构物的监测，除沉降观测外，还包括对主体结构和基坑开挖支护结构等的监测，对于某些重要的工程，监测工作还应在结构的运营中继续进行，有的甚至要监测10年以上，对于大型水利工程这类特别重大的工程，在整个有效运营期间都要定期进行监测工作；③对环境条件，包括工程地质、水文地质条件及相邻的结构、设施等在施工过程中发生的变化进行监测，包括施工造成的振动、噪声、污染等因素对环境的影响。本章将对基坑工程、隧道工程及桩基工程等岩土工程常用的检测方法进行实验验证，从而使学生掌握检测的基本技能。

基坑工程检测是基础工程中一类重要工作。随着建筑物的跨度及高度的增长，基础工程的重要性也愈发明显，而基坑作为临时或者永久支护结构，其安全稳定性也显得格外重要，并且随着基坑工程技术的日趋复杂，对其检测的技术提出更高要求。本章通过学生参与基坑检测的常规实验，使学生掌握基坑检测的内容、基本方法，为其工作奠定良好的基础。

隧道是指在既有的建筑或土石结构中挖出来的通道，供交通立体化、穿山越岭、地下通道、越江、过海、管道运输、电缆地下化、水利工程等使用。隧道是一种地下工程结构物，通常指修筑在地下或山体内部，两端有出入口，供车辆、行人、水流及管线等通过的通道。施工检测与监测是保证隧道施工质量的重要手段。

近年来，隧道工程因施工方法和结构构造等方面的特点，使其在质量管理方面有异于其他工程。为了保证隧道工程质量，一般隧道工程都要进行工前材料检测、工间质量检测和施工监测以及工后缺陷检测。监测作为保障安全、优化设计、指导施工的重要手段。本书选取部分常用的检测方法进行着重分析。隧道施工过程中使用各种类型的仪表和工具，对围岩和支护、衬砌的力学行为以及它们之间的力学关系进行量测和观察，并对其稳定性进行评价，统称为监测。隧道工程作为工程建筑物，其受力特点与地面工程有很大的差别。隧道在开挖支护成形运营的过程中，自始至终都存在受力状态变化这一特性。因此，有必要对隧道进行监测，通过监测主要完成以下任务任务：①通过监控量测了解各施工阶段地层与支护结构的动态变化，判断围岩的稳定性、支护、衬砌的可靠性；②用现场实测的结果弥补理论分析过程中存在的不足，并把监测结果反馈设计，指导施工，为修改施工方法、调整围岩级别、变更支护设计参数提供依据；③通过监控量测对施工中可能出现的事故和险情进行预报，以便及时采取措施，防患于未然；④通过监控量测，判断初期支护稳定性，确定二次衬砌合理的施作时间；⑤通过监控量测了解该工程条件下所表现、反映出来的一些地下工程规律和特点，为今后类似工程或该施工方法本身的发展提供借鉴、依据和指导。

桩基础是历史悠久、应用广泛的一种基础形式，在我国高层建筑、重型厂房、桥梁、港口码头、海上采油平台以至核电站等工程中，都有普遍应用。由于桩能将上部结构的荷载传到深层稳定的土层中去，从而大大减少基础的沉降和建筑的不均匀沉降。所以，桩基在住宅、高层建筑、重型厂房、桥梁等工程中被大量采用。

桩基工程的基桩检测工作质量与检测结果的可靠性关系到主体结构的正常使用与安全。由于桩基础施工有高度的隐蔽性，施工复杂，并且影响桩基工程的因素很多，加之我国幅员辽阔，工程地质状况差异很大，桩基往往出现桩身断裂、裂缝、扩径、缩径、离析、断桩、夹泥、蜂窝孔洞、松散等现象。如果出现质量问题，将给建设工程的安全带来隐患，同时在经济上造成极大损失。桩基检测技术对确保整个桩基工程的质量与安全具有重要意义。

本章针对以上3种岩土工程检测技术进行相关现场及模型实验的检测与监测，以期使学生能够通过实践对相关工程的监测、检测技术、检测设备、步骤及数据处理有系统的认识。

12.2　基坑工程检测

12.2.1　基坑检测目的及意义

随着城市建设的发展，地下空间在世界各大城市中得到开发利用。如高层建筑地下室、地下仓库、地下民防工事以及多种地下民用和工业设施等。地铁及高层建筑的兴建，产生了大量的基坑（深基坑）工程。基坑工程主要包括围护体系的设置和土方开挖两个方面。围护结构通常是一种临时结构，安全储备较小，具有比较大的风险。对基坑工程进行有效的检测可及时发现不稳定因素，减少损失；验证支护结构设计，指导基坑开挖和支护结构施工；保证基坑支护结构和相邻建（构）筑物的安全；总结工程经验，为完善设计分析理论提供依据。

12.2.2 基坑检测内容及要求

基坑工程施工现场监测的内容分为两大部分，即围护结构监测和周围环境监测。围护结构监测包括围护桩墙、支撑、桩顶连系梁、内撑、坑内土层等部分；周围环境监测中包括周围地面、地下管线、相邻建（构）筑物等部分。基坑监测的各具体项目见表 12.1。根据基坑所处位置、深度、支护形式、周围环境、基础形式等的不同，每个基坑分别采用不同的监测项目。基坑监测的内容分为两大部分，即基坑本体监测和相邻环境监测。基坑本体包括围护桩、锚杆、坑内地下水、地下水等；相邻环境包括周围地层、地下管线、相邻建筑物、相邻道路等。支护结构的监测，主要分为变形监测和应力监测两类。变形监测主要用机械系统仪器、电器系统仪器及光学系统仪器；而应力监测则主要使用机械系统仪器和电力系统仪器。

表 12.1　　基 坑 监 测 内 容

序号	监测对象	监测项目	监测元件与仪器
（一）	围护结构		
1	围护桩墙	桩墙顶水平位移	经纬仪
		桩墙顶沉降	水准仪
		桩墙深层挠曲	测斜仪
		桩墙内力	钢筋应力计、频率仪
		桩墙上水土压力	土压力盒、频率仪、孔隙水压力计、频率仪
2	水平支撑	支撑轴力	钢筋应力计或应变计、频率仪或应变仪
3	圈梁、围檩	内力	钢筋应力计或应变计、频率仪或应变仪
		水平位移	经纬仪
4	立柱	垂直沉降	水准仪
5	坑底土层	垂直隆起	水准仪
6	坑内地下水	水位	钢尺或钢尺水位计和水位探测仪
（二）	相邻环境		
7	相邻地层	分层沉降	分层沉降仪
		水平位移	经纬仪
8	地下管线	垂直沉降	水准仪
		水平位移	经纬仪
9	相邻房屋	垂直沉降	水准仪
		倾斜	经纬仪
		裂缝	裂缝监测仪
10	坑外地下水	水位	钢尺或钢尺水位计和水位探测仪
		分层水压	孔隙水压力计、频率仪

1. 监测仪器

（1）应力监测仪器。

1）测量土压力使用的埋设式土压力计（也称为土压力盒）。

2）孔隙水压力计。

3）支撑内力测试仪器。

（2）变形监测仪器。变形监测仪器除了常用的水准仪、经纬仪之外，主要是测斜仪，它是用来测量围护墙或者土层各点的水平位移。测斜仪最为常用的是电阻应变片测斜仪。

2. 测点位置和数量

（1）位移观测基准点数量不应少于3点，且应设在基坑工程影响范围以外。一般距离基坑边缘不小于5倍的开挖深度，也不宜小于30～50m。位移观测基准点的选择应考虑到量测便利，减少转战引点导致的误差；基坑坡顶的水平位移和垂直位移观测点应沿基坑周边布置，一般在每边中部和端部均应布置子观测点，且观测点间距不宜大于20m。观测点设在钢筋混凝土护顶上。

（2）围护结构的水平位移和垂直位移观测点应沿围护结构的周边布置，一般每边的中部和端部均应布置观测点，且观测点间距不宜大于20m。观测点宜设在与围护结构刚性连接的钢筋混凝土冠梁上。

（3）支护结构或坡体水平位移点应设在结构受力、变形较大的部位，观测点数量和间距视具体情况而定；建筑物的水平位移观测点应选择在建筑物的墙角、柱基及裂缝的两边等位置；基坑外周围地表沉降观测点的布置范围宜为基坑深度的2～3倍，并由密到疏布置测点。测点宜设在基坑纵横轴线或其他有代表性的部位。

（4）地下水位观测孔的位置和数量根据观测需要布置。坑内降水观测孔宜设在基坑的每边中间和基坑中央，埋深一般与降水井点的埋深相同。坑外降水观测孔应设在止水帷幕以外，沿基坑周边布置。回灌井点观测孔应设在回灌井点与被保护井点与被保护对象之间。

（5）基坑及周围环境的监测点布置：①坡顶水平、竖向位移监测是沿冠梁顶每隔20m布置一个观测点，总共设置20个观测点；②周围建筑物监测是对南侧的两栋建筑物各布置4个沉降监测点，在配电室布设不止一个变形监测点。

3. 监测频率

基坑工程监测频率的确定应满足能反映监测对象所测项目的重要变化过程而又不遗漏其变化时刻的要求。监测工作应从基坑工程施工前开始，直至地下工程完成为止，贯穿于基坑工程和地下工程施工全过程。对于有特殊要求的基坑周边环境的监测，应该根据需要延续至变形趋于稳定为止。

基坑工程的监测频率不是一成不变的，应根据基坑开挖及地下工程的施工进程、施工工况以及其他外部环境影响因素的变化及时地作出调整。一般在基坑开挖期间，地基土处于卸荷阶段，支护体系处于逐渐加荷状态应适当加密监测；当基坑开挖后一段时间，监测值相对稳定，可适当降低监测频率。当出现异常现象和数据，或临近报警状态时，应提高监测频率甚至连续监测。在无数据异常和事故征兆的情况下，开挖后现场仪器监测频率可按《建筑基坑工程监测技术规范》（GB 50497—2009）相关条文确定。

基坑开挖施工前进行第一次观测，观测值作为初始值，基坑开挖前期每3d观测一次，中期每天观测一次，开挖至坑底后每天观测一次，主体结构施工期间10～20d测量一次。当有变形超过有关标准或场地条件变化较大时应加密观测；当大雨、暴雨或基坑边堆载条件改变时应及时观测；当有危险事故征兆时应连续观测。

12.2.3 土压力量测实验

1. 实验目的

土压力是土体传递给挡土构筑物的压力。土压力量测就是测定土压力大小及其变化速率，以便判定土体的稳定性。通过实验熟悉土压力量测的原理和测试方法，掌握土压力盒的埋设方法和频率计的使用方法，掌握测试成果的整理方法。

2. 基本原理

土压力盒在一定压力作用下，其传感面（即薄膜）向上微微鼓起，引起钢弦伸长，钢弦在未受压力时具有一定的初始频率，当拉紧以后，它的频率就会提高。作用在薄膜上的压力不同，钢弦被拉紧的程度也不一样，测量得到的频率因而也发生差异。可根据测到的不同频率来推算出作用在薄膜上的压力大小，即为土压力值。采用频率仪测得土压力盒的频率后，根据标定的压力—频率曲线求得的率定常数计算出土压力值，从而换算出土压力盒所受到的总压力，其计算公式为

$$p = k(f_0^2 - f^2) \tag{12.1}$$

式中 p——作用在土压力盒上的总压力，kPa；

k——压力计率定常数，kPa/Hz^2；

f_0——压力计零压时的频率，Hz；

f——压力计受压后的频率，Hz。

3. 仪器设备

测量通常采用在量测位置上埋设压力传感器来进行。土压力传感器工程上称为土压力盒，常用的土压力盒有钢弦式和电阻式。在现场监测中，为了保证量测的稳定可靠，多采用钢弦式，本实验主要介绍钢弦式土压力盒。

目前采用的钢弦式土压力盒，可分为竖式和卧式两种。图12.1所示为卧式钢

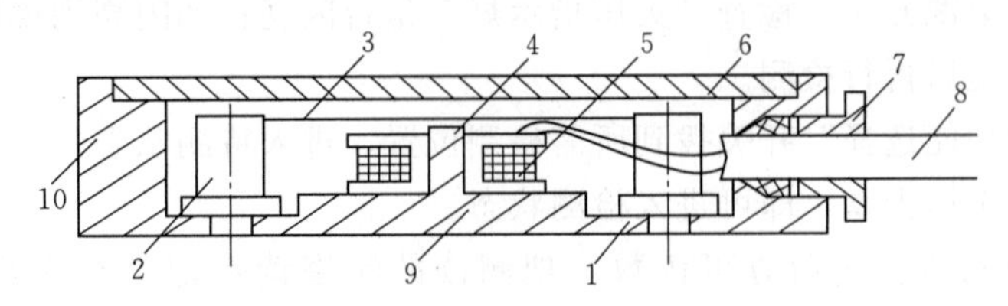

图12.1 卧式钢弦压力盒构造示意图

1—弹性薄膜；2—钢弦柱；3—钢弦；4—铁芯；5—线圈；6—盖板；7—密封塞；8—电缆；9—底座；10—外壳

弦压力盒的构造示意图，其直径为 100～150mm，厚度为 20～50mm。薄膜的厚度视所量测的压力的大小来选用 2～3.1mm 不等，它与外壳用整块钢车成的，钢弦的两端夹紧在支架上，弦长一般采用 70mm。在薄膜中央的底座上，装有铁芯及线圈，线圈的两个接头与导线连接。

钢弦式土压力盒主要技术指标如下。

(1) 分辨率：≤0.2%FS。

(2) 重复性：<0.5%FS。

(3) 非线性度：<2%FS。

(4) 温度漂移：3～4Hz/10℃。

(5) 零点漂移：3～5Hz/3 个月。

(6) 温度范围：－10～＋50℃。

(7) 综合误差：<2.5%FS。

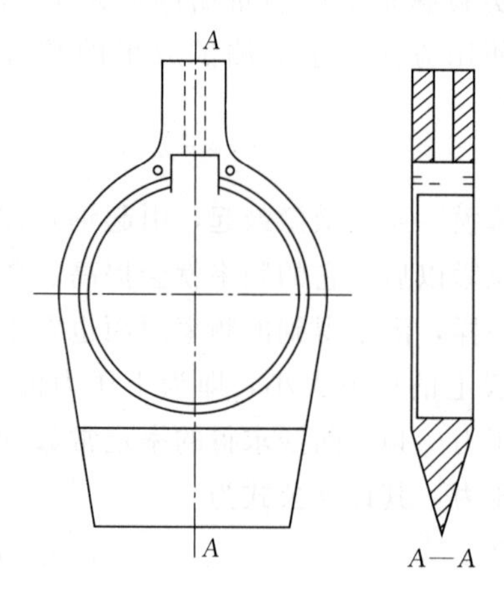

图 12.2　铲式土压力盒

4. 土压力盒埋设方法

(1) 墙体接触土压力量测。土中土压力盒埋设通常采用钻孔法。先在预定埋设位置采用钻机钻孔，孔径大于压力盒直径，孔深比土压力盒埋设深度浅 50cm，把钢弦式土压力盒装入特制的铲子内，如图 12.2 所示，然后用钻杆把装有土压力盒的铲子徐徐放至孔底，并将铲子压至所需标高。

(2) 基底接触土压力量测。

1) 土压力盒埋在砂垫层下面。埋设时，应将埋设处地基土仔细削平，铺一层经过分选、粒径均匀的细砂或黏土，使压力分布均匀，最后使压力计就位。当土压力盒上方不是黏土或细砂时，土压力盒上部回填 5cm 左右厚度的细砂或黏土。其余回填土应与周围土体一致。

2) 埋设时及填土初期，还要防止土压力盒偏斜，偏斜会使实测值偏小。

3) 测头埋入土中后进行观测，确认其工作正常后方可进行填土施工。

4) 在大气中测量初始频率，并记录现场温度和大气压力值。

5. 操作步骤

常用振弦读数仪测读土压力盒的自振频率，由频率换算成土压力。其操作方法如下。

(1) 打开电源开关，检查“欠压指示灯”是否闪亮；如闪亮则说明电池电量不够，须更换电池后再行检测。

(2) 将“功能选择”开关拨到所需检测位置，进入待测状态。

(3) 接入土压力盒，即可进入检测状态。

(4) 待观测值稳定后方可读数，把测读的频率读数记录在表格内，再进行下一个读数。根据换算出的土压力盒所受的压力，扣除孔隙水压力后，得到实际的土压力值（表 12.2），并可绘制土压力随时间变化图及随深度的分布曲线。

表 12.2　　土压力观测记录表

工程名称：＿＿＿＿＿＿＿＿　　编号/埋深（m）：＿＿＿＿＿＿＿＿

率定系数 k：＿＿＿＿＿＿＿＿　　初始频率 f_0（Hz）：＿＿＿＿＿＿＿＿

观测日期	观测时间	f/Hz	p/kPa	Δp/kPa	备　注
记录		计算		审核	

注　$p = k(f_0^2 - f^2)$。

6. 注意事项

（1）在埋设及测量过程中，土压力盒及读数仪应避免冲击。

（2）对导线接头质量及密封性应予以充分注意，以防接头处渗水造成传感器失效。

（3）在将电缆引出时，应预留一定的电缆，以防因不均匀沉降造成电缆被拉断。

12.2.4　土体深层水平位移测量实验

1. 实验目的

土体和围护结构的深层水平位移通常采用钻孔测斜仪测定，当被测土体产生变形时，测斜管轴线产生挠度，用测斜仪测量测斜管轴线与铅垂线之间夹角的变化量，从而获得土体内部各点的水平位移。通过实验掌握土体深层水平位移监测的原理和测试方法，熟悉测斜管的埋设方法和测斜仪的使用方法，掌握测试成果的整理方法。

2. 实验原理

将测斜管划分成若干段，由测斜仪测量不同测段上测头轴线与铅垂线之间倾角，进而计算各测段位置的水平位移。由测斜仪测得第 i 测段的 $\Delta\varepsilon_i$，换算得该测段的测斜管倾角 θ_i，则该测段的水平位移 δ_i 为

$$\sin\theta_i = f\Delta\varepsilon_i \tag{12.2}$$

$$\delta_i = l_i\sin\theta_i = l_i f\Delta\varepsilon_i \tag{12.3}$$

式中　δ_i——第 i 测段的水平位移，mm；

l_i——第 i 测段的管长，通常取 0.5m、1.0m；

θ_i ——第 i 测段的倾角值，(°)；

f ——测斜仪率定常数；0.000047；

$\Delta\varepsilon_i$——测头在第 i 测段正、反两次测得的应变读数差之半 $\Delta\varepsilon_i=(\varepsilon_i^+-\varepsilon_i^-)/2$。

基准点可设在测斜管的管顶或管底。若测斜管管底进入基岩或较深的稳定土层时，则以管底作为基准点。对于测斜管底部未进入基岩或埋置较浅时，可以管顶作为基准点，每次测量前须用经纬仪或其他手段确定基准点的坐标。当测斜管管底进入基岩或足够深的稳定土层时，则可认为管底不动，作为基准点。从管底向上计算第 n 测段处的总水平位移，即

$$\Delta_i=\sum_{i=1}^{n}\delta_i=\sum_{i=1}^{n}l_i\cdot\sin\theta_i=f\sum_{i=1}^{n}l_i\cdot\Delta\varepsilon_i \tag{12.4}$$

当测斜管管底未进入基岩或埋置较浅时，可以管顶作为基准点（图 12.3），实测管顶的水平位移 δ_0，并由管顶向下计算第 n 测段处的总水平位移，即

$$\Delta_i=\delta_0-\sum_{i=1}^{n}\delta_i=\delta_0-\sum_{i=1}^{n}l_i\cdot\sin\theta_i=\delta_0-f\sum_{i=1}^{n}l_i\cdot\Delta\varepsilon_i \tag{12.5}$$

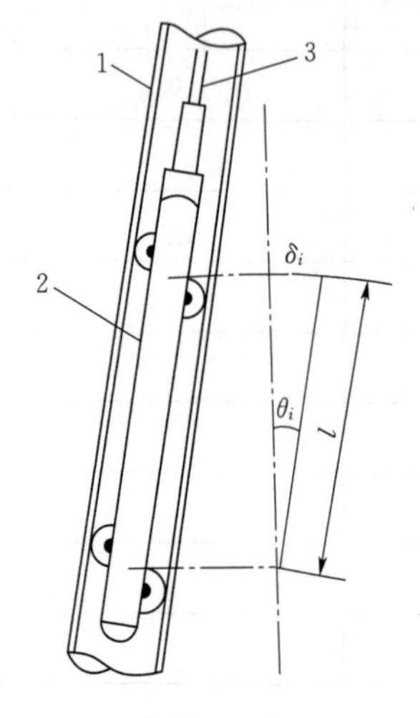

图 12.3　倾斜角与区间水平变位

1—导管；2—测头；3—电缆

由于测斜管在埋设时不可能使得其轴线为铅垂线，测斜管埋设好后，总存在一定的倾斜或挠曲，因此各测段处的实际总水平位移 Δ_i' 应该是各次测得的水平位移与测斜管的初始水平位移之差，即

管底作为基准点　$$\Delta_i'=\Delta_i-\Delta_{0i}'=\sum_{i=1}^{n}l_i\cdot(\sin\theta_i-\sin\theta_{0i}) \tag{12.6}$$

管顶作为基准点　$$\Delta_i'=\Delta_i-\Delta_{0i}'=\delta_0-\sum_{i=1}^{n}l_i\cdot(\sin\theta_i-\sin\theta_{0i}) \tag{12.7}$$

式中　θ_{0i} ——第 i 测段的初始倾角值，(°)。

测斜管可以用于测单向位移，也可以测双向位移，测双向位移时，可由两个方向的位移值求出其矢量和，得位移的最大值和方向。

3. 仪器设备

测量深层水平位移的仪器，通常采用测斜仪。测斜仪分固定式和活动式两种。目前普遍采用活动式测斜仪，该仪器只使用一个测头，即可连续测量，测点数量可以任选。

测斜仪主要有测头、测读仪、电缆和测斜管四部分组成。

(1) 测头。目前常用的测头有伺服加速度计式和电阻应变计式。伺服加速度计式测头是根据检测质量块因输入加速度而产生惯性力与地磁感应系统产生的反馈力相平衡，通过感应线圈的电流与反力成正比的关系测定倾角。该类测斜探头灵敏度和精度较高。

电阻应变式测头的工作原理是用弹性好的铜簧片下悬挂摆锤，并在弹簧片两侧粘贴电阻应变片，构成全桥输出应变式传感器。弹簧片构成等应变梁，在

弹簧弹性变形范围内，通过测头的倾角变化与电阻应变读数间的线性关系测定倾角。

（2）测读仪。有携带式数字显示应变仪和静态电阻应变仪等。

（3）电缆。采用有长度标记的电缆线，且在测头重力作用下不应有伸长现象。通过电缆向测头提供电源，传递量测信号，量测测点到孔口的距离，提升和下放测头。

（4）测斜管。测斜管有铝合金管和塑料管两种（图 12.4），长度每节 2～4m，管径有 60mm、70mm、90mm 等多种不同规格，管段间由外包接头管连接，管内有两组正交的纵向导槽，测量时测头在一对导槽内可上下移动，测斜管接头有固定式和伸缩式两种，测斜管的性能是直接影响测量精度的主要因素。导管的模量既要与土体的模量接近，又要不因土压力而压扁导管。

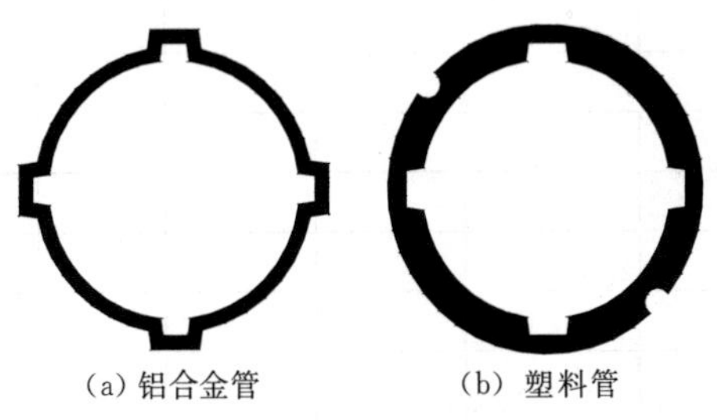

图 12.4 测斜管断面

4. 测斜管埋设方法

测斜管的埋设有两种方式：一种是绑扎预埋设；另一种是钻孔后埋设。

（1）绑扎预埋设。主要用于桩墙体深层挠曲测试，埋设时将测斜管在现场组装后绑扎固定在桩墙钢筋笼上，随钢筋笼一起下到孔槽内，并将其浇筑在混凝土中，随结构的加高同时接长测斜管。浇筑之前应封好管底底盖，并在测斜管内注满清水，以防止测斜管在浇筑混凝土时浮起和水泥浆渗入管内。

（2）钻孔后埋设。首先在土层中预钻孔，孔径略大于所选用测斜管的外径，然后将测斜管封好底盖逐节组装逐节放入钻孔内，并同时在测斜管内注满清水，直到放到预定的标高为止。随后在测斜管与钻孔之间空隙内回填细砂，或水泥和黏土拌和的材料固定测斜管，配合比取决于土层的物理力学性质。

（3）为了消除导管周围土体变形对导管产生负摩擦的影响，还可在管外涂润滑剂等。

（4）在可能的情况下，应尽量将导管底埋入硬层，作为固定端；否则导管顶端应校正。

（5）测斜管埋设完成后，需经过一段时间使钻孔中的填土密实，贴紧导管，并测量测斜管导槽的方位、管口坐标及高程。

（6）要及时做好测斜管的保护工作，如在测斜管外局部设置金属套管加以保护、测斜管管口处砌筑窨井并加盖。

5. 操作步骤

（1）将电缆线与测读仪连接，测头的感应方向对准水平位移方向的导槽，自基准点管顶或管底逐段向上或向下，每 50cm 或 100cm 测出测斜管的倾角。

（2）测头放入测斜管底部静置 2～3min，待测读仪读数稳定后，提升电缆线至欲测位置。每次应保证在同一位置上进行测读。

（3）将测头提升至管口处，旋转 180°，再按上述步骤进行测量。这样可消除测斜仪本身的固有误差。土体深层水平位移测量记录表见表 12.3。

表 12.3　　　　　　　　土体深层水平位移测量记录表

工程名称：

测量日期：　　年　月　日　　　位置：　　　　　仪器型号：　　　　　管口标高：

标高/m	初测值	观测值		差值	变化值 Δd	$\sum\Delta d$	累计位移/mm	本次位移/mm	备注
		正向	负向						

12.3　隧道工程检测

12.3.1　概述

隧道检测主要内容与方法按施工顺序可分为超前支护检测、开挖过程检测及支护体系检测、量测技术（位移量测应力检测）、通风检测、照明检测及交工验收质量检测隧道总体等。检测方法可分为以下几种方法。

（1）目测法。目测法因其具有简单、实用等优势，现阶段我国大部分的企业依旧沿用这种方法对道路隧道施工的质量进行检测。相关检测人员通过目测的形式对公路隧道的整体外观进行检测评定，其检测内容主要为施工建设的施工流程是否合乎规范、隧道的外观整体效果如何、其平整度与缝隙之间的大小是否超出规定的范围等，不仅可以快速发现隧道工程中存在的质量问题，而且还能够帮助施工人员现场提出解决的方案。

（2）测量法。测量法的使用需要借助相关的专业测量工具，将施工的情况进行实地测量，通过测得的数据来分析隧道的质量高低。在测量时应最大限度地避免误差的产生，力求测量结果精确、真实、可靠。

（3）声波反射法。声波反射方法的实质就是利用声波形状的对比以及频谱的分析进行检测的一种方法。

（4）冲击回波法。对混凝土的内部结构进行无损害的检测方法，一般来说较为容易操作，相关设备轻巧，检测数值受到外界的干扰程度较低，并且可进行多次的重复测试。冲击回波法主要用于隧道底板、衬砌部位以及隧道路面等以单面结构为特征的部分进行检测。

此外，还有地球物理方法，包括高密度电阻率法与探底雷达等。鉴于篇幅限制，仅对常用的检测方法进行实验。

12.3.2 实验目的

（1）利用收敛计、水准仪进行隧道拱顶下沉和洞周收敛测试。

（2）利用钢筋计和频率计进行钢支撑应力的量测。

（3）利用压力盒和频率计进行围岩和衬砌接触压力的测试。

12.3.3 仪器设备

（1）收敛计、水准仪。

（2）频率计、振弦式钢筋计和振弦式压力盒。

12.3.4 方法与步骤

（1）在模型箱内按照一定尺寸缩小制作隧道模型。

（2）沿隧道横断面在拱顶、两侧拱腰和起拱线位置用膨胀螺栓布设挂钩，在拱顶挂钩悬挂钢尺，进行水准测量。运用收敛计沿斜测线 GC、GD 和水平测线 CD 进行收敛测量，并记录。挂钩布置参见图 12.5。

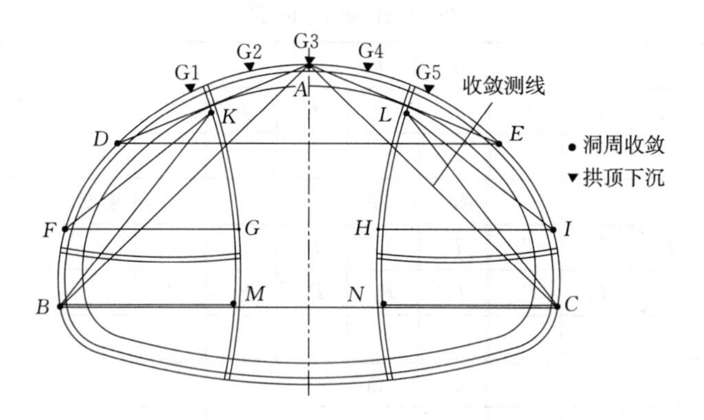

图 12.5 洞内收敛和拱顶下沉测点布置（以双侧壁导坑开挖为例）

（3）在围岩和初衬之间沿隧道横断面在拱顶、两侧拱腰和起拱线位置埋设压力盒，利用频率计进行测试并记录（表）。压力盒布置见图 12.6。

（4）在钢支撑上焊接钢筋计，利用频率计进行频率测试并记录（表 12.4、表 12.5）。

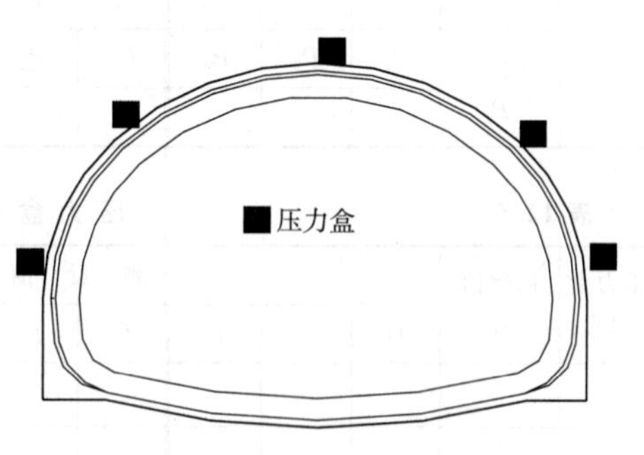

图 12.6 压力盒布置

12.3.5 实验数据整理与结果分析

（1）拱顶下沉数据的整理。以第一次测得的拱顶高程为基准，后面测得的各个高程与之相减便可得到拱顶下沉的变化情况。

（2）洞周收敛数据的整理。将各测线第一次测得的距离作为基准，后续测得的各次长度与之相减便可得到洞周收敛的变化情况。

（3）钢筋应力的数据整理。将钢筋计第一次测得的频率为基准，根据式

(12.8) 利用后续测得的各次频率便可得到钢筋计的应力，即

$$P=K(f_n^2-f_0^2)+b(T_n-T_0)+B \tag{12.8}$$

式中　K——钢筋计标定系数；

f_n，f_0——钢筋计频率的第 n 次测试值和初始频率；

b——钢筋计的温度修正系数；

T_n，T_0——钢筋计温度的第 n 次测试值和初始温度；

B——钢筋计的计算修正值。

(4) 压力盒压力的数据整理。以振弦式压力盒第一次测得的频率为基准，根据式 (12.9) 利用后续测得的各次频率，便可得到压力盒的压力，即

$$P=\frac{f_n^2-f_0^2}{K} \tag{12.9}$$

式中　K——压力盒标定系数；

f_n——压力盒频率的第 n 次测试值；

f_0——压力盒未受压时钢弦的频率。

表 12.4　　钢筋计测试记录

钢筋计编号	初始值 f_0	测量值								标定系数 K	计算修正值 B
		f_1	f_2	f_3	f_4	f_5	f_6	f_7	f_8		
	初始值 T_0	测量值								温度修正系数 b	
		T_1	T_2	T_3	T_4	T_5	T_6	T_7	T_8		
	应力 P	P_1	P_2	P_3	P_4	P_5	P_6	P_7	P_8		
钢筋计编号	初始值 f_0	测量值								标定系数 K	计算修正值 B
		f_1	f_2	f_3	f_4	f_5	f_6	f_7	f_8		
	初始值 T_0	测量值								温度修正系数 b	
		T_1	T_2	T_3	T_4	T_5	T_6	T_7	T_8		
	应力 P	P_1	P_2	P_3	P_4	P_5	P_6	P_7	P_8		

表 12.5　　压力盒测试记录

压力盒编号	初始值 f_0	测量值								标定系数 K	压力
		f_1	f_2	f_3	f_4	f_5	f_6	f_7	f_8		

12.4 桩基工程检测实验

12.4.1 概述

桩是深入土层的柱型构件。桩与桩顶的承台组成深基础，简称桩基。桩的作用为将上部结构的荷载通过软弱地层或水传递给深部较坚硬的、压缩性小的土层或岩层。桩基通过作用于桩尖（或称桩端）的地层阻力和桩周土层的摩擦力支撑轴向荷载、依靠桩侧土层的侧向阻力支撑水平荷载。按照不同的分类方法，桩基有不同的分类。按成桩方法对土层的影响分类，有木桩、钢桩、混凝土桩、组合桩；按桩的功能分类，有抗轴向压桩（摩擦桩、端承桩、端承摩擦桩）、抗侧压桩、抗拔桩；按成桩方法分类，有打入桩、就地灌注桩（沉管灌注桩、钻孔灌注桩、人工挖孔灌注桩）、静压桩、螺旋桩、碎石桩及水泥土搅拌桩等。

桩基检测的内容应围绕成孔和成桩进行。成孔检测内容：成孔检测主要是通过实测桩孔位置、孔径、孔深、垂直度、泥浆指标和孔底沉渣厚度，据此判断成孔质量是否达到技术标准和设计要求。成孔部分检测合格后还需要对成桩进行检测，重点是要检测桩基质量和承载性能。

桩身完整性检测：桩基完整性是反映桩基截面尺寸相对变化，桩基材料密实性和连续性的综合定性指标。断裂、裂缝、缩颈、夹泥（砂）、空洞、蜂窝、疏松等都是桩基完整性缺陷的现实表现。一旦桩基出现上述这些缺陷，就会给建筑物的安全造成影响。桩基完整性检测主要选择超声波检测法，基桩承载力包括单桩竖向抗压承载力、单桩竖向抗拔承载力或单桩水平承载力（临界和极限承载力），基桩承载性能检测在完成工程设计和确定上层荷载基础上开展。因此，桩基能够承受建筑物荷载的检测一般选择静载法和高应变动检测法。其中，静载法接近于桩基正常受力状态而成为桩基承载力检测的理想方法。

桩基检测相关要求：基桩检测方法应根据各种检测方法的特点和适用范围，考虑地质条件、桩型及施工质量可靠性、使用要求等因素进行合理选择搭配。基桩检测结果应结合上述因素进行分析判定，检测的数量要求依据《建筑基桩检测技术规范》(JGJ 106—2014) 进行。

根据《建筑基桩检测技术规范》(JGJ 106—2014)，目前桩基检测的主要方法有静载实验法、钻芯法、低应变法、高应变法、声波透射法等几种。工程桩应进行单桩承载力和桩身完整性抽样检测，检测方法应根据表 12.6 选择。桩身完整性宜采用两种或两种以上的检测方法进行检测。基桩检测除应在施工前和施工后进行外，还应采取符合《建筑基桩检测技术规范》(JGJ 106—2014) 规定的检测方法或专业验收规范规定的其他检测方法，进行桩基施工过程中的检测，加强施工过程质量控制。

由表 12.6 可知，桩基检测方法较多，限于篇幅，本书仅基于模型实验选取桩基承载力及低应变法对桩基进行实验检测。设计开放性实验。

表12.6　　常用桩基检测方法的适用性

检测方法		检测目的
静载实验法	单桩竖向抗压静载实验	(1) 确定单桩竖向抗压极限承载力； (2) 判定竖向抗压承载力是否满足设计要求； (3) 通过桩身内力及变形测试，测定桩侧、桩端阻力； (4) 验证高应变法的单桩竖向抗压承载力检测结果
	单桩竖向抗拔静载实验	(1) 确定单桩竖向抗拔极限承载力； (2) 判定竖向抗拔承载力是否满足设计要求； (3) 通过桩身内力及变形测试，测定桩的抗拔摩阻力
	单桩水平静载实验	(1) 确定单桩水平临界和极限承载力，推定土抗力参数； (2) 判定水平承载力是否满足设计要求； (3) 通过桩身内力及变形测试，测定桩身弯矩和挠曲
钻芯法		(1) 检测灌注桩桩长、桩身混凝土强度、桩底沉渣厚度； (2) 判定或鉴别桩底岩土性状，判定桩身完整性类别
低应变法		检测桩身缺陷及其位置，判定桩身完整性类别
高应变法		判定单桩竖向抗压承载力是否满足设计要求；检测桩身缺陷及其位置，判定桩身完整性类别；分析桩侧和桩端土阻力
声波透射法		检测灌注桩桩身混凝土的均匀性、桩身缺陷及其位置，判定桩身完整性类别

12.4.2　基桩的低应变动测实验

1. 实验目的

基桩的低应变动测就是通过对桩顶施加激振能量，引起桩身及周围土体的微幅振动，同时用仪表量测和记录桩顶的振动速度和加速度，利用波动理论或机械阻抗理论对记录结果加以分析，从而达到检验桩基施工质量、判断桩身完整性、判定桩身缺陷程度及位置等目的。学生通过实验达到以下目的。

(1) 了解基桩检测的基本理论，了解低应变法测桩的步骤。

(2) 掌握低应变法测桩波形的时域、频域分析。

(3) 识别和计算桩底、缺陷位置以及判断桩底的位置。

(4) 讨论振源的选择、传感器的安装、仪器设置等对于测桩的影响。

2. 基本原理

低应变反射波法主要研究应力波的纵波形式。纵波在无限长直杆内传播时，将沿某一方向前进到无限远处。若杆长有限，当波和杆端相遇时，根据边界条件，纵波将在端部边界产生反射或透射。应力波反射法测桩中典型的端部边界是固定端边界和自由端边界，通过对波动方程的求解，可以分析边界的波场问题。应力波以锤击电为中心半球向外传播，当应力波传播至桩身一定距离 S 后（一般 S 大于1～2倍桩径 D），波振面才近似为平面。此时，手锤锤击桩端认为是应力波在一维杆件中竖直方向传播。弹性波沿桩身传播的规律满足一维波动方程，表示为

$$\frac{\partial^2 u}{\partial t^2}+c^2\frac{\partial^2 u}{\partial x^2}=0 \tag{12.10}$$

其中 $$c^2 = E/\rho$$

式中 u——x 方向的位移，m；

c——传播速度，m/s；

E——桩的弹性模量，MPa；

ρ——桩的材料密度，g/m³；

x——坐标，m；

t——时间，s。

弹性波沿桩身传播过程中，在桩身夹泥、离析、扩颈、缩颈、断裂、桩端等桩身阻抗变化处将会发生反射和透射，用记录仪记录下反射波在桩身中传播的波形，通过对反射波曲线特征的分析，即可对桩身的完整性、缺陷的位置进行判定，并对桩身混凝土的强度进行评估。

3. 仪器设备

实验仪器包括：模型箱、0.8m 长桩，缺陷位置距一侧约为 0.2m；实验锤、牙膏、加速度传感器、美工刀、丁字尺等工具。用于反射波法桩基动测的仪器一般有传感器、放大器、滤波器、数据处理系统以及激振设备和专用附件等。

(1) 传感器。传感器是反射波法桩基动测的重要仪器，传感器一般可选用宽频带的速度或加速度传感器。速度传感器的频率范围宜为 10～500Hz，灵敏度应高于 300mV/cm/s。加速度传感器的频率范围宜为 1Hz～10kHz，灵敏度应高于 100mV/g。

(2) 放大器。放大器的增益应大于 60dB，长期变化量小于 1%，折合输入端的噪声水平应低于 3μV，频带宽度应宽于 1Hz～20kHz，滤波频率可调。模数转换器的位数至少应为 8bit，采样时间间隔至少应为 50～1000μs，每个通道数据采集暂存器的容量应不小于 1kbit，多通道采集系统应具有良好的一致性，其振幅偏差应小于 3%，相位偏差应小于 0.1ms。

(3) 激振设备。激振设备应有不同材质、不同重量之分，以便改变激振频谱和能量，满足不同的检测目的。目前工程中常用的锤头有塑料头锤和尼龙头锤，它们激振的主频分别约为 2000Hz 和 1000Hz；锤柄有塑料柄、尼龙柄、铁柄等，柄长可根据需要而变化。一般说来，柄越短，则由柄本身振动所引起的噪声越小，而且短柄产生的力脉冲宽度小、力谱宽度大。当检测深部缺陷时，应选用柄长、质重的尼龙锤来加大冲击能量；当检测浅部缺陷时，可选用柄短、质轻的尼龙锤。

低应变反射波法检测基桩完整性的过程如下。

(1) 通过手锤或其他激振设备对桩顶施加脉冲波。

(2) 在基桩中传播的应力脉冲被传感器接收。

(3) 采集到的加速度、速度或力信号经电荷放大器转化为电荷输出信号。

(4) 电荷信号被桩基动测仪内的储存器保存下来。

(5) 技术人员对输出波形数据进行分析和处理，判断基桩的完整性。

其中，基桩动测仪是采集、处理实测应力波形的主要设备（图 12.7）。基桩动测仪的内部通常配有波形储存器、电荷放大器、模/数转换器（A/D 装置）、信号采集分析仪等装置，还配有相对应的处理软件、触控式屏幕，方便工作人员的操作和现场对数据的处理。另外，还具有信号过滤和放大功能，使信号传输更准确。

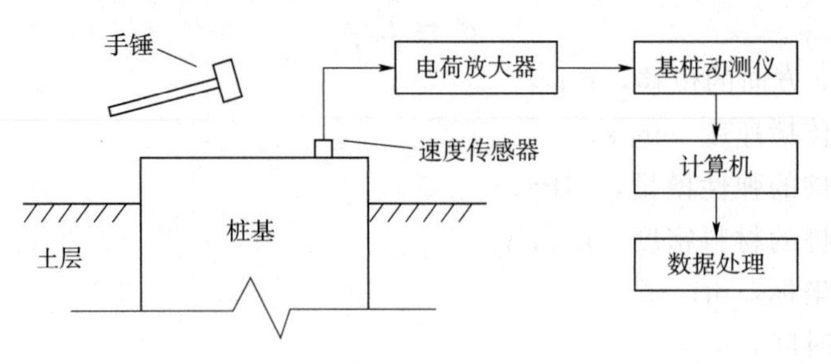

图 12.7　反射波检测基桩质量仪器框图

4. 操作步骤

(1) 在模型箱内铺设土层并将桩基处理好。

(2) 对被测桩头进行处理，凿去浮浆，平整桩头，割除桩外露的过长钢筋。

(3) 接通电源，对测试仪器进行预热，进行激振和接收条件的选择性实验，以确定最佳激振方式和接收条件。

(4) 对于灌注桩和预制桩，激振点一般选在桩头的中心部位；对于水泥土桩，激振点应选择在1/4桩径处。传感器应稳固地安置于桩头上，为了保证传感器与桩头的紧密接触，应在传感器底面涂抹凡士林或黄油。当桩径较大时，可在桩头安放两个或多个传感器。

(5) 为了减少随机干扰的影响，可采用信号增强技术多次重复激振，以提高信噪比。

(6) 为了提高反射波的分辨率，应尽量使用小能量激振，并选用截止频率较高的传感器和放大器。

(7) 由于面波的干扰，桩身浅部的反射比较紊乱，为了有效地识别桩头附近的浅部缺陷，必要时可采用横向激振水平接收的方式进行辅助判别。

(8) 每根试桩应进行3～5次重复测试，出现异常波形应立即分析原因，排除影响测试的不良因素后再重复测试，重复测试的波形应与原波形有良好的相似性。

5. 实验结果

(1) 确定桩身混凝土的纵波波速。桩身混凝土纵波波速可按式（12.11）计算，即

$$C=\frac{2L}{t_r} \tag{12.11}$$

式中　C——桩身纵波波速，m/s；

L——桩长，m；

t_r——桩底反射波到达时间，s。

(2) 评价桩身质量。反射波形的特征是桩身质量的反映，利用反射波曲线进行桩身完整性判定时，应根据波形、相位、振幅、频率及波至时刻等因素综合考虑，桩身不同缺陷反射波特征如下。

1) 完整桩的波形特征。完整性好的基桩反射波具有波形规则、清晰、桩底反射波明显、反射波至时间容易读取、桩身混凝土平均纵波波速较高的特性，同一场地完整桩反射波形具有较好的相似性，如图12.8所示。

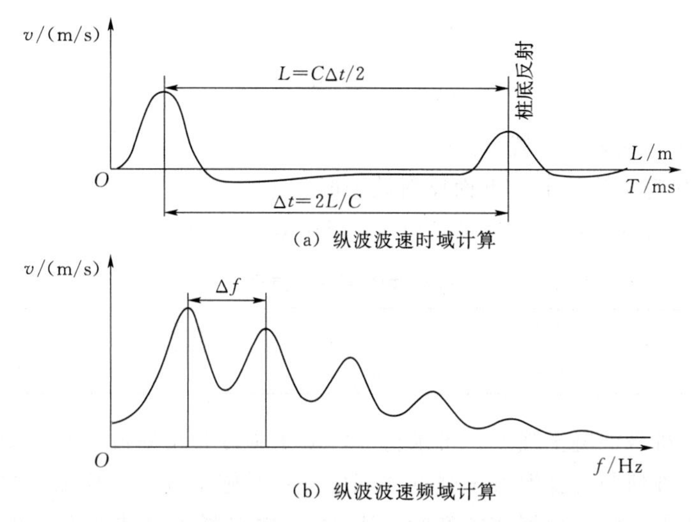

(a) 纵波波速时域计算

(b) 纵波波速频域计算

图 12.8 完整桩纵波波速计算示意图

2）离析和缩颈桩的波形特征。离析和缩颈桩桩身混凝土纵波波速较低，反射波幅减少，频率降低，如图 12.9 所示。

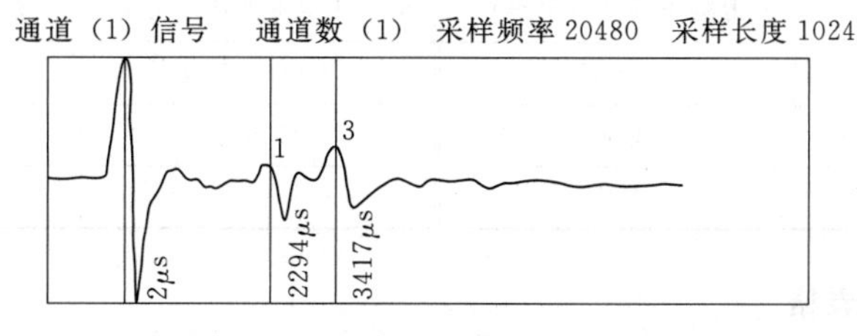

图 12.9 离析和缩颈桩的波形特征

3）断裂桩的波形特征。桩身断裂时其反射波到达时间小于桩底反射波到达时间，波幅较大，往往出现多次反射，难以观测到桩底反射，如图 12.10 所示。

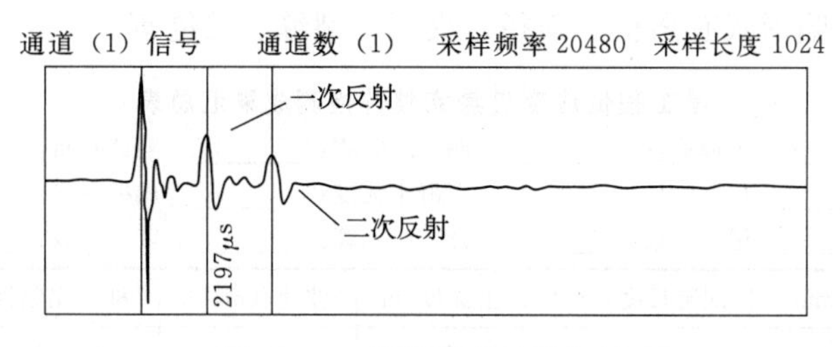

图 12.10 断裂桩的波形特征

(3) 确定桩身缺陷的位置与范围。桩身缺陷离开桩顶的位置 L' 由式（12.12）计算，即

$$L' = \frac{1}{2} t_r C_0 \tag{12.12}$$

式中 L'——桩身缺陷的位置，m；

t_r——桩身缺陷的部位反射波至时间，s；

C_0——场地范围内桩身纵波波速平均值，m/s。

桩身缺陷范围是指桩身缺陷沿轴向的经历长度。桩身缺陷范围可按式（12.13）

计算，即

$$l=\frac{1}{2}\Delta tC' \tag{12.13}$$

式中　l——桩身缺陷的位置，m；

Δt——桩身缺陷的上、下面反射波至时间差，s；

C'——桩身缺陷段纵波速度，m/s，可由表12.7确定。

表12.7　　桩身缺陷段纵波速度

缺陷类别	离析	断层夹泥	裂缝空间	缩颈
纵波速度/(m/s)	1500～2700	800～1000	＜600	正常纵波速度

（4）推求桩身混凝土强度。推求桩身混凝土强度是反射波法基桩动测的重要内容，桩身纵波波速与桩身混凝土强度之间的关系受施工方法、检测仪器的精度、桩周土性等因素的影响，根据实践经验，表12.8中混凝土纵波波速与桩身强度之间的关系比较符合实际，效果较好。

表12.8　　混凝土纵波波速与桩身强度关系

混凝土纵波波速/(m/s)	混凝土强度（等级）	混凝土纵波波速/(m/s)	混凝土强度（等级）
＞4100	＞C35	2500～3500	C20
3700～4100	C30	＜2500	＜C20
3500～3700	C25		

6. 成果记录表格

根据所测波形特性，结合桩的混凝土设计强度等级要求，本工程桩身结构的完整性按四类划分，实验结果见表12.9，所测波形曲线如图12.11所示。本实验未能详细考虑地质条件影响及桩土间相互关系，不能测出桩的承载力，若需要提供桩的承载力数据，建议进行高应变动力试桩或静载试桩。本实验无法确定缺陷的具体类型，可能的缺陷形式有离析、缩径、夹泥、裂缝、接缝等。

表12.9　　某工程低应变桩身完整性检测成果汇总表

工程名称：_______　工程地点：_______　测 试 方 式：_______　测试时间：_______

桩　　型：_______　桩　　径：_______　混凝土强度：_______　成桩方式：_______

测　　试：_______　记　　录：_______　计　　　算：_______　审　　核：_______

桩号	桩径/mm	配装长度/m	入土深度/m	波速/(m/s)	桩身完整性	综合评价
Z1	800	28	27	4100	完整桩	Ⅰ
Z2	800	26	25.7	4200	接桩明显	Ⅲ
Z3	800	34	27.6	4320	基本完整桩	Ⅱ
Z4	800	31	30	4300	基本完整桩	Ⅱ
Z5	800	33	32.7	4200	完整桩	Ⅰ
Z6	800	34	22.4	4180	基本完整桩	Ⅱ
Z7	800	25	24.1	4300	基本完整桩	Ⅱ
Z8	800	27	26.1	4200	基本完整桩	Ⅱ
Z9	800	42	31.8	4300	基本完整桩	Ⅱ

续表

桩号	桩径/mm	配装长度/m	入土深度/m	波速/(m/s)	桩身完整性	综合评价
Z10	800	34	33	4350	基本完整桩	Ⅱ
Z11	800	47	41.5	4180	完整桩	Ⅰ
Z12	800	28	28.1	4200	完整桩	Ⅰ

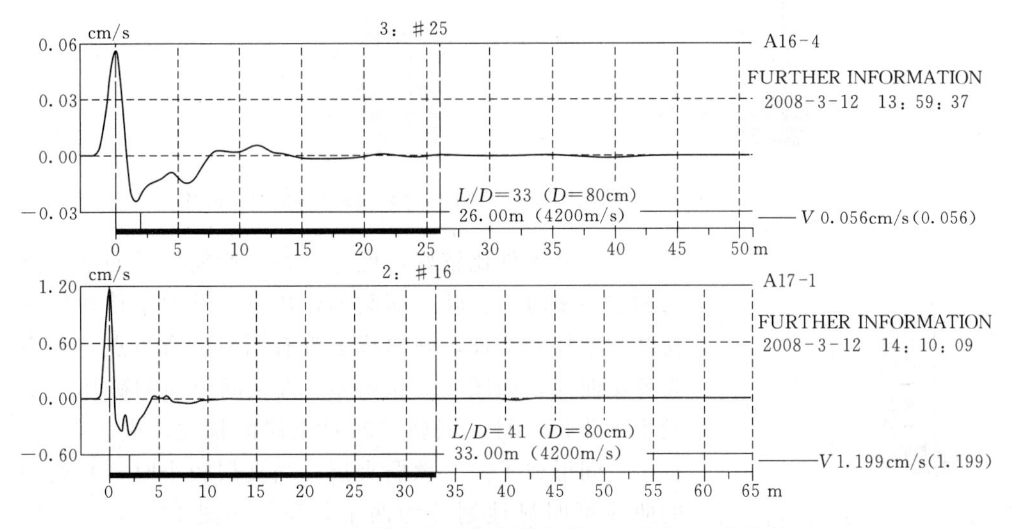

图 12.11 基桩低应变动力检测波形（Z1 号与 Z5 号基桩）

12.4.3 基桩的抗压实验

1. 实验目的

桩的原位测试包含静载实验和动力测试两类方法。实验目的主要是为了测试桩的承载能力和检验桩身的完整性。迄今为止，静载实验仍被认为是最直接、最权威的检测方法，也是评判其他检测方法和理论研究结果的试金石。桩的静载实验包含竖向抗压实验、竖向抗拔实验和横向推力实验。

静载实验的最大问题是实验周期长、费用高、加载设备复杂，其结果是难以大比例抽样，于是其样本的代表性便成了问题。通过室内模型实验，使学生在规定的学时内掌握桩基检测方法，可提高学生的应用能力。

2. 仪器设备

（1）白卡纸，规格为 230g/m²，尺寸为 787mm×1092mm。

（2）双面胶带、美工刀、丁字尺、其他模具等。

（3）加载砝码标准为 5kg、10kg、20kg。

（4）土压力计、位移计等。

3. 实验原理

如果将轴向受力桩看作一个系统，则组成该系统的共有 3 个元件，即桩体、土体和桩土间的界面。由于这 3 个元件中的任何一个失效均会引起整个系统失效在不同的条件下，桩土体系会呈现出多种破坏模式，典型的有桩材破坏、桩周土破坏和桩土间的界面破坏 3 种。桩材的破坏常呈脆性断裂，相应的曲线（荷载—位移曲线）表现为典型的陡降型，如图 12.12 所示。桩周土破坏的情况常见于土质较软的地区，当土层所能提供的阻力小于桩身材料所能提供的承载能力很多时，在较大的外荷载作用下，桩身常表现为刺入性破坏，相应地，曲线也表现为陡降型，如图 12.13 所示。

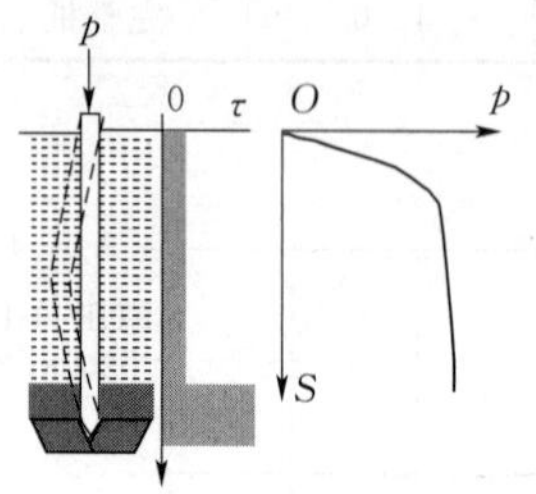

图 12.12　典型的桩材破坏

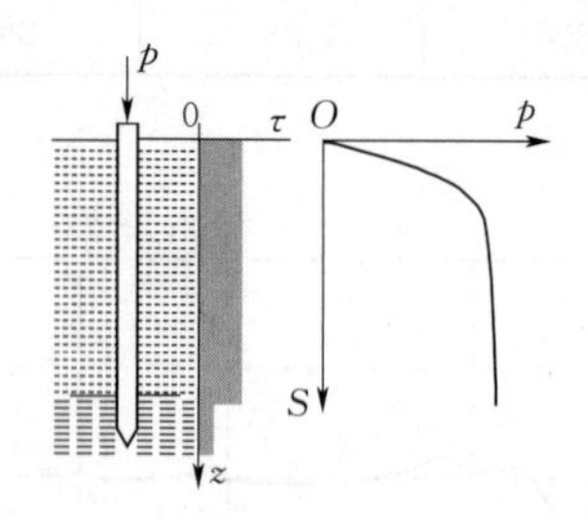

图 12.13　典型的桩周土破坏

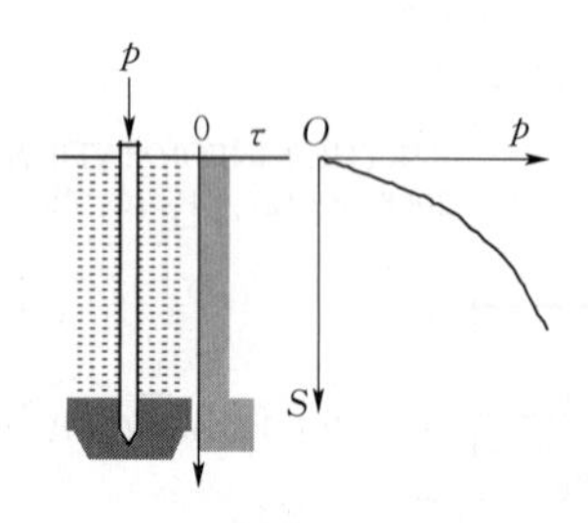

图 12.14　缓变型试桩曲线

当土质条件比较好，桩与土各自所能提供的承载能力相差不多时，在轴向荷载的作用下，桩的位移随桩顶荷载的增加而增加，其曲线上没有明显的弯折点，称为缓变型曲线，如图 12.14 所示。桩土间界面的破坏主要发生于非挤密桩。因施工时对土层的扰动、应力释放，桩土之间形成了一个软弱夹层。当夹层较小时，其典型的曲线可明显地划分为两个阶段，如图 12.15（a）所示；当该夹层的厚度过大或过于软弱时，桩的承载力主要受控于软弱夹层，其量值很小，反映在曲线上，则起始直线段很小或基本上见不到直线段，加荷开始不久就进入到加速下降阶段，为典型的陡降型曲线，如图 12.15（b）所示。对于挤密桩，施工时对桩间土层有挤密加强的作用，桩周界面的工程性质得以改善，桩土体系的承载能力也就大为提高了。

由上述分析，桩的破坏类型从其性质上看实际上可以分为两大类，即渐进型破坏和急进型破坏。与它们相对应的曲线分别称为缓变型曲线和陡降型曲线。对于陡降型试桩曲线，可以通过确定极限荷载的方法来获取其允许承载力；而对于缓变型试桩曲线，因为极限荷载不易确定，所以在实用中通常按规定其允许沉降量的方法来直接确定其允许承载力。本实验通过模型实验中的 $p-S$ 曲线确定单桩承载力大小。

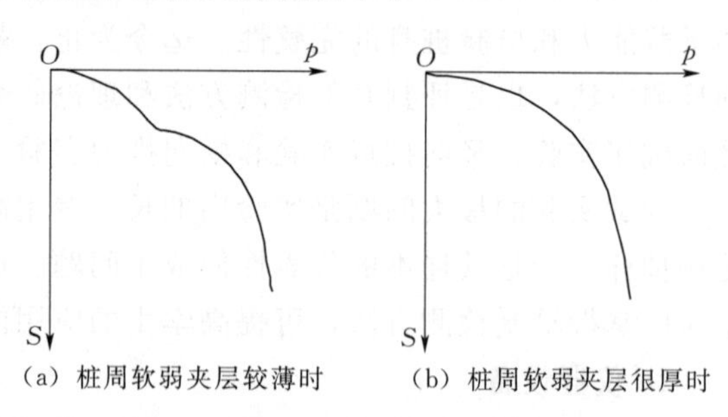

（a）桩周软弱夹层较薄时　　（b）桩周软弱夹层很厚时

图 12.15　受桩土间界面条件控制时的曲线

4. 实验步骤

（1）桩体的制备。根据相似比例确定模型中桩体的直径大小，一般不小于 3cm，并用白纸板卷成实心桩体。

（2）将预制好的桩体上沿着桩体方向布置好位移计和土压力盒，用于记录桩体的变形及应力特征。

（3）将桩体及位移计、土压力盒布置好放入模型箱内，按照一定的干密度向模型箱内填土并压实，并且预留一部分桩体露出土面。应用低应变法对桩身完整性进行检测。

（4）采用图11.1所示的模型箱中杠杆加砝码的方式对桩体加载。加、卸载方式应符合下列规定。

1）加载应分级进行，采用逐级等量加载；分级荷载宜为最大加载量或预估极限承载力的1/10，其中第一级可取分级荷载的2倍。

2）卸载应分级进行，每级卸载量取加载时分级荷载的2倍，逐级等量卸载。

3）加、卸载时应使荷载传递均匀、连续、无冲击，每级荷载在维持过程中的变化幅度不得超过该级增减量的±10%。

本实验采用慢速维持荷载法进行加载，其实验步骤如下。

1）每级荷载施加后按第5min、15min、30min、45min、60min测读桩顶沉降量，以后每隔30min测读一次。

2）试桩沉降相对稳定标准。每一小时内的桩顶沉降量不超过0.1mm，并连续出现两次（从每级荷载施加后第30min开始，由3次或3次以上每30min的沉降观测值计算）。

3）当某级荷载作用下，桩顶沉降量大于前一级荷载作用下沉降量的5倍；或者某级荷载作用下，桩顶沉降量大于前一级荷载作用下沉降量的2倍，且经3h尚未达到稳定标准，再施加下一级荷载。

（5）桩的沉降量为前一荷载作用下沉降量的5倍时，或者当累计沉降超过100mm，则中止加载。卸载时，每级荷载维持1h，按第5min、15min、30min、60min测读桩顶沉降量；卸载至零后，应测读桩顶残余沉降量，维持时间为3h，测读时间为5min、15min、30min，以后每隔30min测读一次。

5. 结果整理

（1）确定单桩竖向抗压承载力时，应绘制竖向荷载—沉降（$Q-S$）、沉降—时间对数（$S-\lg t$）曲线，需要时也可绘制其他辅助分析所需曲线。

（2）当进行桩身应力、应变和桩底反力测定时，应整理出有关数据的记录表（表12.10），并绘制桩身轴力分布图，计算不同土层的分层侧摩阻力和端阻力值。

单桩竖向抗压极限承载力Q_u可按下列方法综合分析确定。

1）根据沉降随荷载变化的特征确定。对于陡降型$Q-S$曲线，取其发生明显陡降的起始点对应的荷载值（图12.16）。

2）根据沉降随时间变化的特征确定。取$S-\lg t$曲线尾部出现明显向下弯曲的前一级荷载值。

3）对于缓变型$Q-S$曲线可根据沉降量确定，宜取$S=40$mm对应的荷载值；当桩长大于40m时，宜考虑桩身弹性压缩量；对直径不小于800mm的桩，可取$S=0.05D$（D为桩端直径）对应的荷载值。

根据实验结果（表12.11），可进行以下工作。

1）单桩竖向抗压极限承载力Q_u的确定。

2）单桩竖向抗压极限承载力统计值的确定。

3）单桩竖向抗压承载力特征值的确定。

表 12.10　桩基竖向承载力实验记录表

工程名称				桩号				日期		
加载级	压力/MPa	荷载/kN	测读时间	位移计（百分表）读数				本级沉降/mm	累计沉降/mm	备注
				1号	2号	3号	4号			
1										
2										
3										
4										
5										
6										
7										
8										
9										

表 12.11　桩现场静力载荷实验实测结果

	荷载级别		0	1	2	3	4	5	6	7	8	9
	荷载/kN		0	1400	2100	2800	3500	4200	4900	5600	6300	7000
沉降量/mm	1		0	7.61	12.70	18.95	28.66	62.16				
	2		0	4.84	7.00	10.68	14.63	18.93	23.18	28.03	33.26	38.77
	3		0	4.03	6.98	9.26	12.09	15.87	27.00			
	4		0	4.60	6.68	9.21	12.21	15.34	19.67	28.82		
	5	加载	0	3.31	5.44	7.84	10.04	13.01	15.99	19.66	27.27	40.88
		卸载	19.78	30.45		35.39		38.49		40.73		
	6	加载	0	3.18	5.23	7.58	10.0	12.71	16.34	19.85	24.26	27.67
		卸载	5.68	15.88		21.40		25.15		27.19		
	7	加载	0	2.86	4.44	6.37	8.55	10.57	12.35	15.87	19.68	24.05
		卸载	8.57	14.69		18.05		21.07		23.15		
	荷载级别		0	1	2	3	4	5	6	7	8	9
	荷载/kN		0	1400	2100	2800	3500	4200	4900	5600	6300	7000
	8		0	3.65	6.38	9.23	15.35	28.46	85.10			
	9		0	3.31	5.37	7.37	9.47	11.84	14.60	18.61	24.20	81.77
	10		0	4.90	7.62	10.53	13.47	16.89	25.38	85.28		
	11		0	4.81	7.79	10.66	13.98	17.57	22.49	30.69	83.50	
	12	加载	0	5.06	8.49	11.82	15.23	18.96	25.15	69.79		
		卸载	58.89		69.63		73.82		75.20			
	13	加载	0	4.35	7.14	10.09	12.84	15.49	19.21	23.08	79.39	
		卸载	61.49	68.42		73.75		77.61		80.30		
	14	加载	0	5.72	9.70	13.57	17.23	20.87	29.83	70.17		
		卸载	46.76		64.04		68.80		69.39			

续表

荷载级别			0	1	2	3	4	5	6	7	8	9
荷载/kN			0	1400	2100	2800	3500	4200	4900	5600	6300	7000
沉降量/mm	15	加载	0	5.19	9.42	14.28	18.90	23.62	28.94	78.14		
		卸载	64.90		74.90		77.49		79.04			

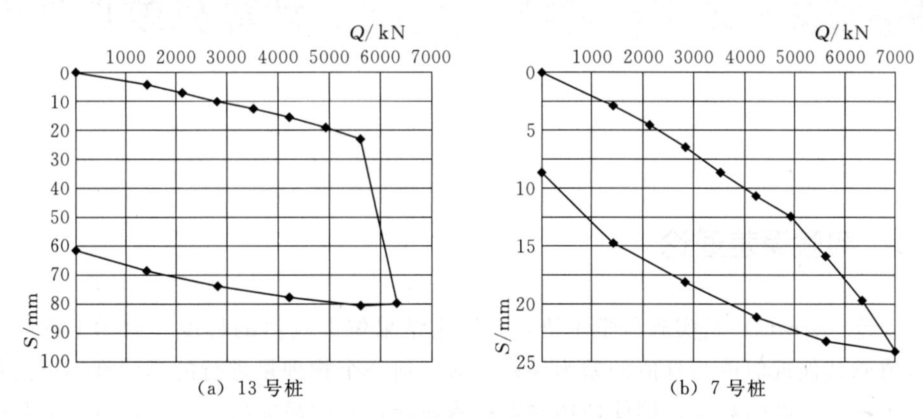

图 12.16　典型桩静载实验荷载—沉降关系曲线

第13章 计算机数据处理

13.1 实验误差理论

误差（errors）是实验科学术语，指测量结果偏离真值的程度。数学上称测定的数值或其他近似值与真值的差为误差。对任何一个物理量进行的测量都不可能得出一个绝对准确的数值，即使使用测量技术所能达到的最完善的方法，测出的数值也与真实值存在差异，这种测量值和真实值的差异称为误差。数值计算分为绝对误差和相对误差。根据误差来源也可分为系统误差（又称可定误差、已定误差）、随机误差（又称机会误差、未定误差）和毛误差（又称粗差）。

误差理论即研究实验中误差情况的一门理论，误差理论是测试技术仪器仪表及工程实验等领域不可缺少的重要理论基础，它在科学与生产实践中起着重要作用，因此受到普遍重视并得到迅速发展。随着现代化、自动化和高精度测试技术的不断出现，使测试结果数据处理的理论与方法也向高水平方向发展，而成为其核心问题的误差理论，则由经典时代发展到现代化新水平阶段，逐渐形成了现代误差理论新概念。

13.1.1 真值

常用来与测量值作对比的一个数值称为真值，真值分为以下几类。

（1）理论真值。一个量具有严格定义的理论值通常称为理论真值。

（2）约定真值。根据国际计量委员会通过并发布的各种物理参量单位的定义，利用当今最先进科学技术复现这些实物单位基准，其值被公认为国际或国家基准，称为约定真值。例如，保存在国际计量局的1kg铂铱合金原器就是1kg质量的约定值。

13.1.2 误差分类

根据误差产生的原因及性质可分为系统误差与偶然误差两类。

1. 系统误差

由于仪器结构上不够完善或仪器未经很好校准等原因会产生误差。例如，各种刻度尺的热胀冷缩，温度计、表盘的刻度不准确等都会造成误差。

由于实验本身所依据的理论、公式的近似性，或者对实验条件、测量方法的考虑不周也会造成误差。例如，热学实验中常常没有考虑散热的影响，用伏安法测电阻时没有考虑电表内阻的影响等。

由于测量者的生理特点，如反应速度、分辨能力甚至固有习惯等也会在测量中造成误差。

以上都是造成系统误差的原因。系统误差的特点是测量结果向一个方向偏离，其数值按一定规律变化。应根据具体的实验条件、系统误差的特点，找出产生系统误差的主要原因，采取适当措施降低误差的影响。

2. 偶然误差

在相同条件下，对同一物理量进行多次测量，由于各种偶然因素，会出现测量值时而偏大、时而偏小的误差现象，这种类型的误差叫做偶然误差。

产生偶然误差的原因很多，如读数时视线的位置不正确、测量点的位置不准确以及实验仪器由于环境温度、湿度、电源电压不稳定、振动等因素的影响而产生微小变化等。这些因素的影响一般是微小的，而且难以确定某个因素产生的具体影响的大小，因此偶然误差难以找出原因加以排除。

但是实验表明，大量次数的测量所得到的一系列数据的偶然误差都服从一定的统计规律，这些规律有以下几个。

(1) 绝对值相等的正的与负的误差出现机会相同。

(2) 绝对值小的误差比绝对值大的误差出现的机会多。

(3) 误差不会超出一定的范围。

实验结果还表明，在确定的测量条件下，对同一物理量进行多次测量，并且用它的算术平均值作为该物理量的测量结果，能够比较好地减少偶然误差。

13.1.3 误差表示

1. 绝对误差

设某物理量的测量值为 X，它的真值为 a，则 $X-a=\varepsilon$；由此式所表示的误差 ε 和测量值 x 具有相同的单位，它反映测量值偏离真值的大小，所以称为绝对误差(即测量值与真实值之差的绝对值)。

绝对误差可定义为

$$\Delta=X-L$$

式中 Δ——绝对误差；

X——测量值；

L——真实值。

注：绝对误差是有正负和方向的。

2. 相对误差

误差还有一种表示方法，叫做相对误差，它是绝对误差与测量值或多次测量的平均值的比值，并且通常将其结果表示成非分数的形式，所以又称百分误差。

绝对误差可以表示一个测量结果的可靠程度，而相对误差则可以比较不同测量结果的可靠性。

3. 引用误差

仪表某一刻度点读数的绝对误差 Δ 比上仪表量程上限 A_m，并用百分数表示。

最大引用误差：仪表在整个量程范围内的最大示值的绝对误差 Δ_m 比仪表量程上限 A_m，并用百分数表示。

4. 标称误差

$$标称误差 = \frac{最大的绝对误差}{量程 \times 100\%}$$

测量仪器的示值误差是指“测量仪器示值与对应输入量的真值之差”，这是测量仪器的最主要计量特性之一，其实质反映了测量仪器准确度的大小。示值误差大则其准确度低，示值误差小则其准确度高。

示值误差是对真值而言的。由于真值是不能确定的，实际上使用的是约定真值或实际值。为确定测量仪器的示值误差，当其接受高等级的测量标准器检定或校准时，则标准器复现的量值即为约定真值，通常称为实际值，即满足规定准确度的用来代替真值使用的量值。所以，指示式测量仪器的示值误差＝示值－实际值；实物量具的示值误差＝标称值－实际值。

5. 基值误差

它是指为核查仪器而选用在规定的示值或规定的被测量值处的测量仪器误差。为了检定或校准测量仪器，人们通常选取某些规定的示值或规定的被测量值，则在该值上测量仪器的误差称为基值误差。

13.2　常见实验的数据处理方法

13.2.1　密度、含水率、相对密度实验的 Excel 处理

1. 密度实验

土工密度实验主要有环刀法、蜡封法、灌水法、灌砂法。各实验结果的 Excel 处理方法大同小异，以下以蜡封法为例。式（13.1）为密度计算公式，根据该式及实测数据建立图 13.1 所示的 Excel 表格。

$$\rho_0 = \frac{m_0}{\dfrac{m_n - m_{nw}}{\rho_{wT}} - \dfrac{m_n - m_0}{\rho_n}} \tag{13.1}$$

式中　m_n ——蜡封试样质量，g；

m_{nw} ——蜡封试样在纯水中的质量，g；

ρ_{wT} ——纯水在 T℃时的密度，g/cm³；

ρ_n ——蜡的密度，g/cm³。

	A	B	C	D	E	F	G	H	I	J	K
1	蜡封法测密度										
2	试样编号	m_0	m_n	m_{nw}	ρ_n	ρ_{wT}	$\frac{m_n - m_{nw}}{\rho_{wT}}$	$\frac{m_n - m_0}{\rho_n}$	$\frac{m_n - m_{nw}}{\rho_{wT}} - \frac{m_n - m_0}{\rho_n}$	ρ_0	平均值
3	1-1	23.14	27.30	8.17	0.92	0.9994	19.14	4.52	14.62	1.583	
4	1-2	30.56	39.17	11.88	0.92	0.9994	27.31	9.36	17.95	1.703	1.585
5	1-3	31.97	39.92	9.55	0.92	0.9994	30.39	8.64	21.75	1.470	
6	2-1	60.88	71.32	20.89	0.92	0.9994	50.46	11.35	39.11	1.557	
7	2-2	74.71	84.58	26.51	0.92	0.9994	58.10	10.73	47.38	1.577	1.546
8	2-3	39.26	43.45	12.80	0.92	0.9994	30.67	4.55	26.11	1.503	
9	3-1	60.28	67.32	20.04	0.92	0.9994	47.31	7.65	39.66	1.520	
10	3-2	60.67	65.35	20.80	0.92	0.9994	44.58	5.09	39.49	1.536	1.517
11	3-3	17.89	20.72	5.68	0.92	0.9994	15.05	3.08	11.97	1.494	
12	4-1	35.82	40.56	13.16	0.92	0.9994	27.42	5.15	22.26	1.609	
13	4-2	39.07	44.13	14.24	0.92	0.9994	29.91	5.50	24.41	1.601	1.629
14	4-3	70.30	75.33	27.96	0.92	0.9994	47.40	5.47	41.93	1.677	

图 13.1　土的密度计算 Excel 表格

根据式（13.1），将对应单元格中的关系输入表 13.1，即可得到各样本密度，该方法输入公式简单，逻辑关系清楚。

表 13.1　　各单元格输入公式

单元格	G3	G4	…	G14
输入公式	=(C3−D3)/F3	=(C4−D4)/F4	…	=(C14−D14)/F14
单元格	H3	H4	…	H14
输入公式	=(C3−B3)/E3	=(C4−B4)/E4	…	=(C14−B14)/E14
单元格	I3	I4	…	I14
输入公式	=G3−H3	=G4−H4	…	=G14−H14
单元格	J3	J4	…	J14
输入公式	=B3/I3	=B4/I4	…	=B14/I14
单元格	K3−K5	K6−K8	…	K12−K14
输入公式	=(J3+J4+J5)/3	=(J6+J7+J8)/3	…	=(J12+J13+J14)/3

如果想对异常数据进行判断处理，可用 STDEV 函数计算标准差，用 MAX 函数和 MIN 函数分别求得密度数组中的最大值和最小值，用 ABS 函数计算最大值、最小值与平均密度差的绝对值，取两者中的大值与 3 倍标准差进行比较，根据比较结果进行处理。

2. 含水率实验

该实验数据计算比较简单，根据试样含水率计算式（13.2），将试样中各记录数据按照图 13.2 建立表格。

$$w_0 = \left(\frac{m_0}{m_d} - 1\right) \times 100\% \tag{13.2}$$

式中　m_d——干土质量，g；

m_0——湿土质量，g。

	A	B	C	D	E	F	G	H	I
1	样名	盒号	盒质量（g）	盒+湿土质量（g）	盒+干土质量（g）	水的质量（g）	干土质量（g）	含水率%	平均含水率%
2	1-1	091	8.51	34.72	31.26	3.46	22.75	15.21	14.41
3	1-2	013	8.11	34.51	31.35	3.16	23.24	13.60	
4	1-3	025	7.35	37.66	33.83	3.83	26.48	14.46	
5	1-4	062	7.29	33.97	30.62	3.35	23.33	14.36	
6	2-1	55	6.97	31.37	28.99	2.38	22.02	10.81	10.91
7	2-2	040	8.99	30.38	28.33	2.05	19.34	10.60	
8	2-3	21	6.72	33.68	30.95	2.73	24.23	11.27	
9	2-4	3	6.76	31.33	28.90	2.43	22.14	10.98	
10	3-1	068	7.61	27.04	25.31	1.73	17.70	9.77	9.79
11	3-2	112	8.57	23.16	21.73	1.43	13.16	10.87	
12	3-3	54	6.92	27.93	26.05	1.88	19.13	9.83	
13	3-4	080	6.83	25.10	23.64	1.46	16.81	8.69	
14	4-1	023	7.35	26.82	24.95	1.87	17.60	10.63	10.46
15	4-2	139	7.19	38.19	35.24	2.95	28.05	10.52	
16	4-3	4	6.77	36.75	33.93	2.82	27.16	10.38	
17	4-4	037	7.08	37.08	34.27	2.81	27.19	10.33	

图 13.2　土的含水率计算 Excel 表格

按照表 13.2 输入对应单元格公式，即可得到试样含水率。

在含水率超差的判断上，用 ABS 函数计算含水率差值的绝对值，AVERAGE 函数计算平均含水率，逻辑与（AND）判断条件参数是否同时满足，逻辑或（OR）判断条件参数中的一个是否满足，上述 4 个函数同时与条件函数 IF 组合进行含水率超差判断，如：

表 13.2　　各单元格输入公式

单元格	F2	F3	…	F17
输入公式	=D2−E2	=D3−E3	…	=D17−E17
单元格	G2	G3	…	G17
输入公式	=E2−C2	=E3−C3	…	=E17−C17
单元格	H2	H3	…	H17
输入公式	=F2/G2 * 100	=F3/G3 * 100	…	=F17/G17 * 100
单元格	K2−K5	K6−K9	…	K14−K17
输入公式	=(H2+H3+H4+H5)/4	=(H6+H7+H8+H9)/4	…	=(H14+H15+H16+H17)/4

"=IF(OR(AND(AVERAGE(H2：H3)>=40,ABS(H2−H3)>2),AND(AVERAGE(H2：H3)<40,ABS(H2−H3)>1)),"超差",AVERAGE(H2：H3))" 式中 H2 和 H3 为两次平行测定的含水率单元格地址，"超差" 改为 "ABS(H2−H3)" 可现实差值。

3. 相对密度实验

用 Excel 处理比重瓶法所测数据，首先将比重瓶号、比重瓶质量、水总质量、各温度及对应该温度水的相对密度、式样质量建立图 13.3 所示表格。

$$d_s = \frac{m_d}{m_{bw} + m_d - m_{bws}} \cdot d_{iT} \tag{13.3}$$

式中　m_{bw}——比重瓶、水总质量，g；

m_{bws}——比重瓶、水、试样总质量，g；

d_{iT}——T 时纯水或中性液体的相对密度。

	A	B	C	D	E	F	G	H	I
1	样品名称	瓶号	瓶重 (g)	瓶+干土质量 (g)	瓶+液+土总质量 (g)	瓶+液总质量 (g)	液体密度 (g/cm³)	比重	比重均值
2	Ⅰ	1	27.92	43.53	137.38	127.44	0.9993792	2.751377	2.735709
3		2	24.97	40.13	136.07	126.46	0.9993792	2.729836	
4		3	27.55	42.66	137.72	128.15	0.9993792	2.725744	
5	Ⅱ	4	32.29	47.43	140.19	130.56	0.9993792	2.746026	2.740995
6		5	29.69	44.85	138.28	128.64	0.9993792	2.744672	
7		6	30.22	45.42	139.58	129.94	0.9993792	2.732116	
8	Ⅲ	7	29.73	45.07	138.41	128.68	0.9993792	2.732705	2.724847
9		8	31.11	46.71	141.64	132.08	0.9993792	2.581178	
10		9	32.61	47.78	137.67	127.8	0.9993792	2.860487	
11	Ⅳ	10	26.59	41.91	135.92	126.21	0.9993792	2.729142	2.725362
12		11	31.03	46.68	139.45	129.55	0.9993792	2.720049	
13		12	24.29	39.46	135.51	125.9	0.9993792	2.726723	

图 13.3　土的相对密度计算 Excel 表格建立示意

按照式 (13.3) 输入表 13.3 中各单元格对应公式，即可得到各试样对应相对密度。

表 13.3　　各单元格输入公式

单元格	H2	H3	…	H13
输入公式	=(D2−C2)/(F2+D2−C2−E2) * G2	=(D3−C3)/(F3+D3−C3−E3) * G3	…	=(D13−C13)/(F13+D13−C13−E13) * G13
单元格	I2−I4	I5−I7	…	I11−I13
输入公式	=(H2+H3+H4)/3	=(H6+H7+H8)/3	…	=(H14+H15+H16)/3

13.2.2 直剪实验及三轴实验的数据处理

1. 直接剪切实验

剪切位移按式（13.4）计算，即

$$\Delta L=0.2n-R \tag{13.4}$$

式中 ΔL——剪切位移，0.01mm，计算精确至0.1；

n——手轮转数；

R——百分表读数。

按式（13.5）计算剪应力，即

$$\tau = CR \tag{13.5}$$

式中 τ——式样所受的剪应力，kPa，计算精确至0.1；

C——测力计校正系数，kPa/0.01mm。

可分别用手工绘图和Excel软件确定土的抗剪强度指标。

（1）手工绘图法。把实验数据点绘在以抗剪强度 τ 为纵坐标、垂直压力 σ 为横坐标的坐标系中，将数据点连成一条直线，在画这条直线时，根据最小二乘法原理尽量让落在直线两边的点大致相等即可。直线在纵轴上的截距就是凝聚力 c，该直线的倾角就是土的内摩擦角 φ。作图法一般根据经验和直观判断，得出的 c、φ 值往往带有一定的人为性和不确定性。

（2）利用Excel软件确定土的抗剪强度指标。按照图13.4建立工作表，在A2单元格输入量力环系数，在B3：E3输入不同的垂直压力值，B4：E4输入与不同垂直压力相对应的破坏时测力计百分表读数，B5单元格输入公式“＝B2 * B4”，选定B5单元格应用鼠标拖动复制功能右拉至E5，B6－E6单元格输入“＝INTERCEPT(B5:E5,B3:E3)”以求黏聚力，B7－E7单元格输入“＝ATAN(SLOPE(B5:F5,B3:F3)) * 180/PI( )”以求内摩擦力，在B8－E8单元格输入“＝CORREL(B5:F5,B3:F3)”以求相关系数。

	A	B	C	D	E
1	固结快剪测土的抗剪强度指标				
2	量力环系数kPa/0.01mm)	1.79	1.79	1.79	1.79
3	压力（kPa）	100	200	300	400
4	百分表读数0.01mm	40	66	100	134
5	剪应力（kPa）	71.6	118.14	179	239.86
6	粘聚力（kPa）	10.74			
7	内摩擦角（°）	29.49423675			
8	相关系数	0.998082759			

图13.4 土的抗剪强度指标Excel表格

表13.4 各单元格输入公式

单元格	B5	C5	D5	E5
输入公式	＝B2 * B4	＝C2 * C4	＝D2 * D4	＝E2 * E4
单元格	B6－E6		B7－E7	
输入公式	＝INTERCEPT(B5:E5,B3:E3)		＝ATAN(SLOPE(B5:F5,B3:F3)) * 180/PI( )	
单元格	B8－E8			
输入公式	＝CORREL（B5：F5，B3：F3)			

单击“图表向导”图标，在“标准类型”中选择“xy 散点图”，在“子图表类型”中选择“散点图”，之后单击“下一步”按钮，在“系列”选项卡“X 值(X)”中填入“＝Sheet1！\$B\$3：\$E\$3”，在“Y 值（Y)”中填入“＝Sheet！\$B\$5：\$E\$5”，然后单击“确定”按钮；用右键单击数据点，当弹出快捷菜单后，选择“添加趋势线”命令，在弹出对话框的“类型”选项卡中选择“线性”类型，最后单击“确定”按钮，见图 13.5。

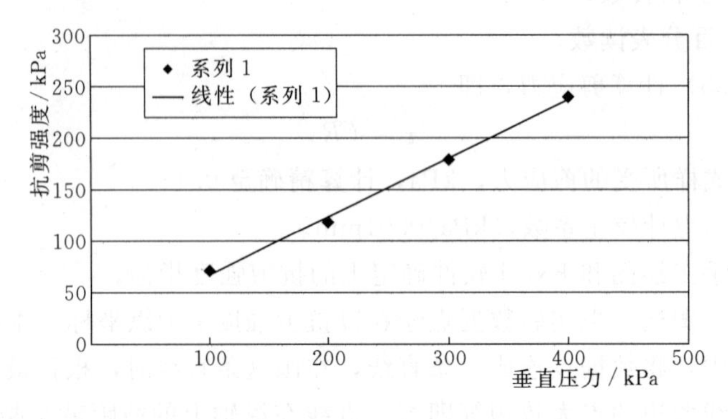

图 13.5　抗剪强度与垂直压力关系曲线

2. 三轴剪切实验的数据处理

（1）手算法。

主要计算步骤如下。

1）试样固结的高度计算。

2）压缩后的面积计算。

3）剪切时试样的校正面积计算。

4）轴向应变的计算。

5）主应力差的计算。

6）绘图。

a. 绘制主应力差与轴向应变的关系曲线。

b. 绘制主应力比与轴向应变的关系曲线。

c. 绘制不同周围压力下的有效破损应力圆及其强度包线。

（2）Excel 电子表格在三轴压缩实验数据处理中的应用。

打开 Excel 软件，在工作表中分别进行 4 种不同围压下实验数据的录入及计算。在工作表中输入实验初始数据，即围压 σ_3、测力计系数 c、试样的直径 d_0、高度 h_0；输入剪切过程中的实验数据：试样剪切时高度变化 Δh_i、测力计读数 R_i。然后按照表 13.5 在相应的单元格输入计算公式，试样面积 A_0、轴向荷重 P、试样轴向应变 ε_i、固结后应变减量 $1-\varepsilon_i$、校正后试样面积 A、主应力差 $\sigma_1-\sigma_3$ 就自动计算出来。三轴压缩实验以 $\sigma_1-\sigma_3$ 的峰值点作为破坏点，如 $\sigma_1-\sigma_3$ 无峰值，一般可取 $\varepsilon_i=15\%$ 相应的主应力差作为破坏强度值。利用函数 LOOKUP 查找 $\varepsilon_1=15\%$ 相应的主应力差，利用 MAX 函数查找主应力差的最大值。土的抗剪强度指标 Excel 指标见图 13.6。

	A	B	C	D	E	F	G	H	I
1	试样直径d_0= 3.91 cm			试样高度h_0= 8.0 cm			试样面积A_0= 12.007 cm^2		
2	试样体积V_0= 96.056 cm^3			试样质量m_0= 188.4 g			试样密度ρ_0= 1.96 g/cm^3		
3	测力计系数C = 13.4 N/0.01mm			剪切速率 1.5 mm/min			周围压力σ_3= 100 kPa		
4	序号	测力计	轴向	轴向	轴向	应变	校正后	主应力差	轴向
5		读数	荷重	变形	应变	减量	试样面积	/kPa	应力
6		/0.01mm	/N	/0.01mm	/%		/cm^2		/kPa
7		R	$P=CR$	$\Sigma\Delta h$	$\varepsilon_1=\Sigma\Delta h/h_0$	$1-\varepsilon_1$	$A=A_0/(1-\varepsilon_1)$	$\sigma_1-\sigma_3=P/A$	σ_1
8		0	0	0	0	0	0	0	0
9	1	1.1	14.74	0.3	0.00375	0.99625	12.05244211	12.22988657	112.2298866
10	2	1.6	21.44	0.6	0.0075	0.9925	12.09798031	17.72196635	117.7219664
11	3	2	26.8	0.9	0.01125	0.98875	12.14386393	22.06875848	122.0687585
12	4	2.8	37.52	1.2	0.015	0.985	12.19009691	30.77908262	130.7790826
13	5	3.2	42.88	1.5	0.01875	0.98125	12.23668327	35.04217529	135.0421753
14	6	3.6	48.24	1.8	0.0225	0.9775	12.28362707	39.27178816	139.2717882
15	7	4	53.6	2.1	0.02625	0.97375	12.33093243	43.46792125	143.4679213
16	8	4.2	56.28	2.4	0.03	0.97	12.37860356	45.46554844	145.4655484
17	9	4.6	61.64	3	0.0375	0.9625	12.47506022	49.41058315	149.4105831
18	10	5	67	3.6	0.045	0.955	12.57303189	53.28865828	153.2886583
19	11	5.2	69.68	4.2	0.0525	0.9475	12.67255457	54.9849674	154.9849674
20	12	5.8	77.72	4.8	0.06	0.94	12.77366538	60.84392983	160.8439298
21	13	6	80.4	5.4	0.0675	0.9325	12.87640263	62.43979959	162.4397996
22	14	6.2	83.08	6	0.075	0.925	12.9808059	64.00218957	164.0021896
23	15	6.8	91.12	6.6	0.0825	0.9175	13.08691603	69.62679351	169.6267935
24	16	7	93.8	7.2	0.09	0.91	13.19477523	71.08874413	171.0887441
25	17	7.1	95.14	7.8	0.0975	0.9025	13.3044271	71.51003143	171.5100314
26	18	7.1	95.14	8.4	0.105	0.895	13.41591671	70.91576524	170.9157652
27	19	7.1	95.14	9	0.1125	0.8875	13.52929066	70.32149905	170.3214991
28	20	7.2	96.48	9.6	0.12	0.88	13.64459711	70.70930656	170.7093066
29	21	7.5	100.5	10.2	0.1275	0.8725	13.76188591	73.0277817	173.0277817
30	22	7.8	104.52	10.8	0.135	0.865	13.88120862	75.29603715	175.2960371
31	23	8	107.2	11.4	0.1425	0.8575	14.00261861	76.55710906	176.5571091
32	24	8.1	108.54	12	0.15	0.85	14.12617113	76.83610727	176.8361073

图 13.6　土的抗剪强度指标 Excel 表格

表 13.5　　各单元格输入公式

单元格	输入公式	单元格	输入公式
C9	=B9 * 13.4	H9	=C9 * 10/G9
D9	=0.01 * 30 * A9	I9	=H9+100
E9	=D9/80	J9	=LOOKUP (0.15，E9：E32)
F9	=1−E9	K9	=MAX (H9：H32)
G9	=3.91 * 3.91 * 3.1415926/F9/4		

按照抗剪强度与垂直压力关系曲线的做法，绘制对应围压下主应力差—轴向应变关系曲线，如图 13.7 所示。同理，作出不同围压下的主应力差—轴向应变关系曲线如图 13.8 所示。根据应变—应力曲线，将三轴剪切实验结果整理成表 13.6。

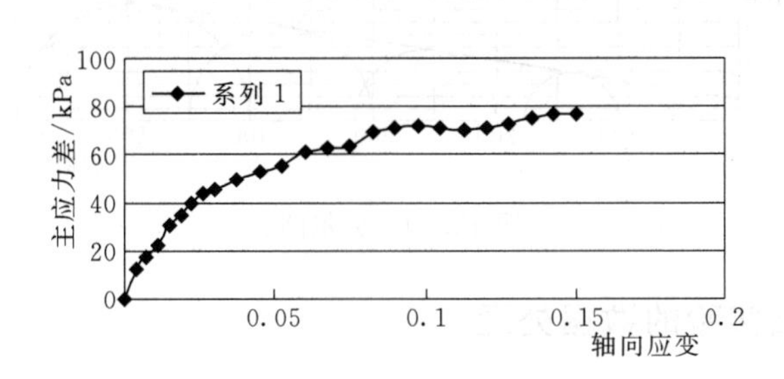

图 13.7　主应力差—轴向应变关系

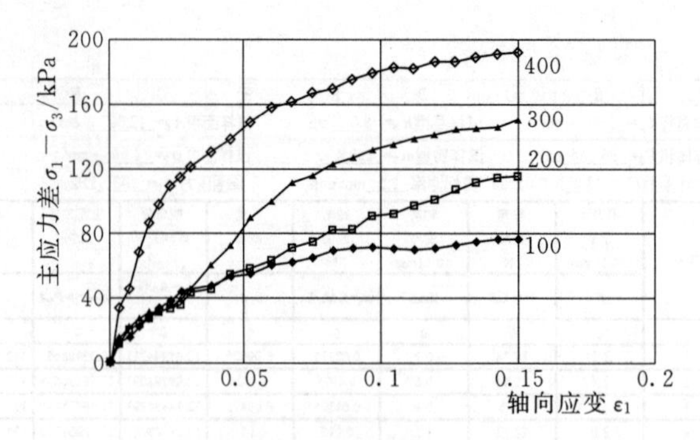

图 13.8　不同围压主应力差—轴向应变关系

表 13.6　　**三轴剪切实验成果整理**

σ_3/kPa	σ_1/kPa	p/kPa	q/kPa
100	176.8	138.4	38.4
200	314.8	257.4	57.4
300	449.9	375	75
400	591.6	495.8	95.8

根据表 13.6 作出（p，q）点的散点图，同时给出拟合线和拟合方程，如图 13.9 所示。得到 $\varphi=9.2°$，$c=16.3$kPa，或者用表 13.4 的公式法也可求出。由于莫尔圆的 Excel 做法较为复杂，此处只给出莫尔圆法求出的 $\varphi=9.2°$，$c=16.8$kPa，如图 13.10 所示。可以看出两者结果基本一致。

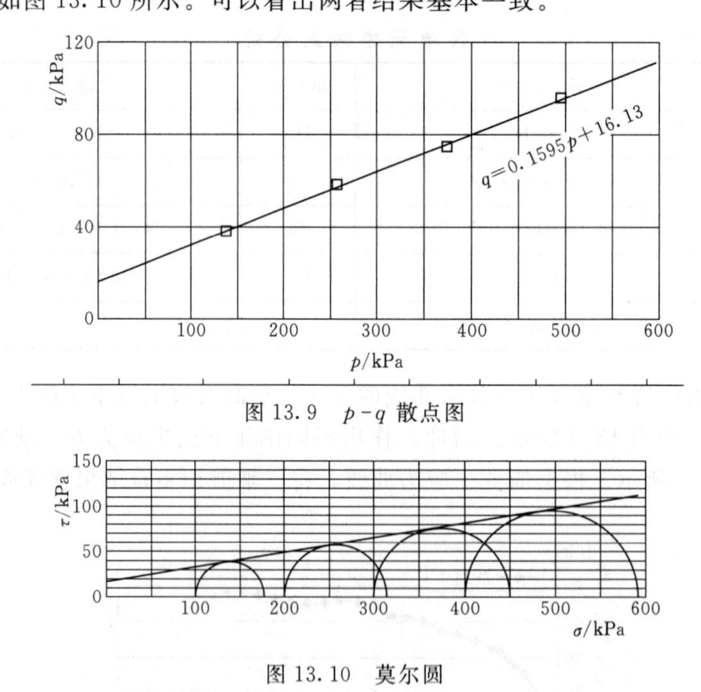

图 13.9　$p-q$ 散点图

图 13.10　莫尔圆

13.2.3　动三轴实验的数据处理

动三轴实验的数据处理可采用专业数据处理软件进行数据的处理和绘图，方便快捷，操作简单。同时也可使用 Excel 处理部分数据。

1. 动三轴数据处理程序处理方法

动三轴数据处理界面如图 13.11 所示。

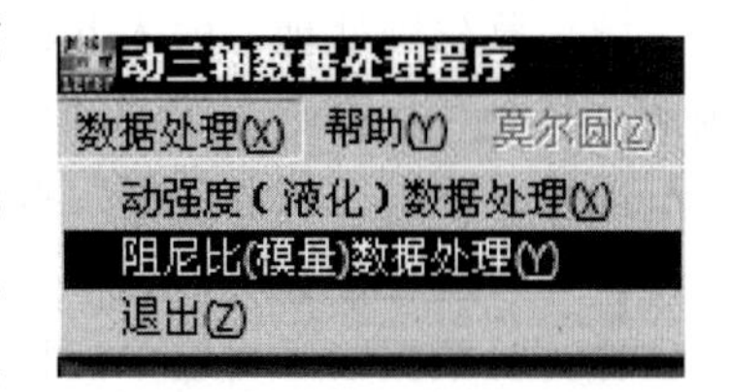

图 13.11 动三轴数据处理界面

(1) 动强度（液化）数据处理。将要处理的动强度（液化）数据如下。

1) 同一固结比，同一围压下不同动应力数据。

2) 同一固结比，不同围压下不同动应力数据。

3) 不同固结比，不同围压下不同动应力数据。

每一固结比下 3 个不同围压，每一围压下 3 个不同动应力，每个动应力下 3 个土样的数据，放在同一文件夹下（*.csvlc）。打开动强度（液化）数据处理程序，选择文件夹所在的路径，选择数据文件，双击所选列表文件，或单击“数据计算”按钮开始数据计算处理。改变破坏标准，在计算结果行列表中单击文件所在的行列即重新对该文件按改后的破坏标准进行计算。单击关系曲线则根据计算结果生成图表。图表可保存为图片，以便打印或编辑。单击“保存图形及数据”，则把数据及图形存入 Word 中。输入振次单击“莫尔圆”则自动计算动应力，进入莫尔圆数据处理。

(2) 阻尼比（模量）数据处理。阻尼比（模量）数据处理针对单个实验数据进行处理。打开阻尼比（模量）数据处理程序，单击“选择数据文件”后，打开所要处理的数据文件，程序开始计算，并把结果以行列表及应力应变曲线格式显示。在计算结果行列表中单击某一周的数据在图形区自动显示该周数据的应力—应变图形（图 13.12）。计算结果可逐个选用或全部选用，也可选取每级指定周的数据。单击“数据处理保存结果”按钮，输入保存结果文件名，保存后显示各种曲线关系图表及拟合的曲线方程。图表可保存为图片，以便打印或编辑。数据存在文本文件和

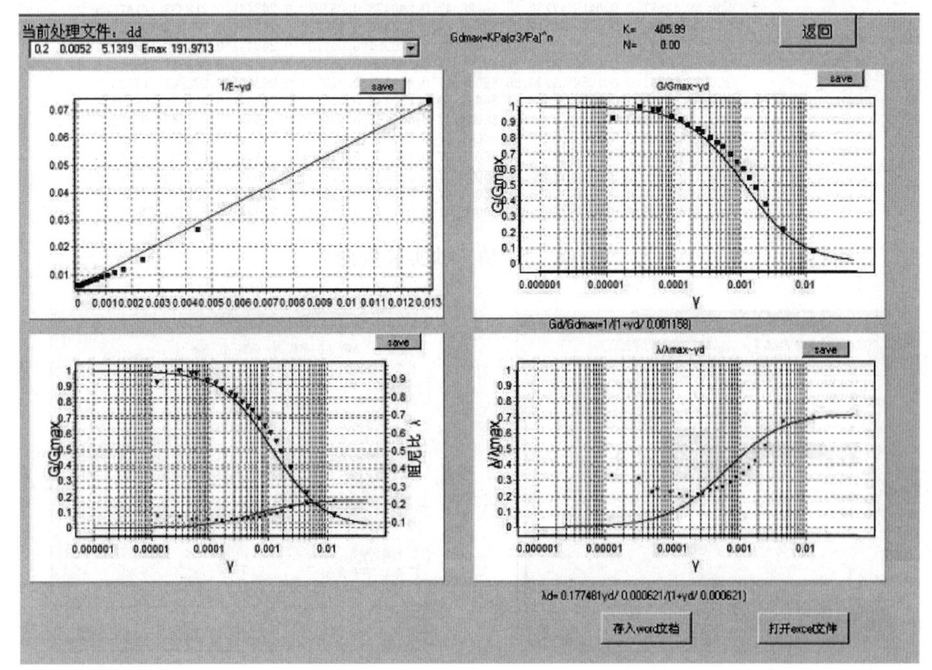

图 13.12 应力—应变曲线

Excel 中，以便今后查改出图等操作。单击“存入 Word 文档”按钮，则把数据及图形存入 Word 中。

(3) 莫尔圆处理。输入几组数据（2～9 组），单击“画莫尔圆”按钮即计算和画图。单击“保存数据及图形”按钮则同时保存 .bmp 格式的图形及几组数据（.moer）。单击“打开数据”按钮即计算和画图。

2. Excel 处理示例

将实验数据输入对应单元格中，如图 13.13 所示。选择两列数据如应变和阻尼比，图 13.14（a）用图表工具生成 xy 散点图；在图 13.14（b）所示 x 轴坐标格式的刻度中选中“对数刻度”复选框；图 13.14（c）把 y 轴坐标格式的刻度的图案项的“主要刻度线类型”设置为“外部”，“刻度线标签”设置为“图外”；图 13.14（d）在图表选项中的网格线选中“主要网格线”“次要网格线”复选框；图 13.14（e）中单击“确定”按钮，产生图形；在图 13.14（f）中，选中曲线，选择“数据系列格式”；在图 13.14（g）中，在数据系列格式中的“图案”项设置线的粗细、点的样式大小等；图 13.14（h）设置调整图例及标题，拖放到合适位置；在图 13.14（i）中，对奇异点进行删除或修正（用鼠标单击该点拖动到适当的位置）；在图 13.14（j）中，保存或另存数据为电子表格工作簿形式，以便今后继续处理。同理，采用相同方法生成其他关系图。

A	B	C	D	E	F	G	H	I	J	K
	σ3(kPa)	σd(kPa)	γ	G(kPa)	Gmax	G/Gmax	λ	λmax	λ/λmax	E(kPa)
	200	1.952654	1.88E-05	52070.77	56085.47	0.928418	0.080586	0.243441	0.331031	156212.3
	200	5.09817	4.55E-05	56085.48	56085.47	1	0.07598	0.243441	0.312108	168256.4
	200	8.004908	7.28E-05	55016.55	56085.47	0.980941	0.055112	0.243441	0.226386	165049.6
	200	9.719296	8.85E-05	54911.28	56085.47	0.979064	0.060516	0.243441	0.248587	164733.8
	200	14.3711	0.000137	52641.4	56085.47	0.938592	0.054892	0.243441	0.225482	157924.2
	200	19.51682	0.000189	51509.16	56085.47	0.918405	0.051944	0.243441	0.213376	154527.5
	200	24.22436	0.000244	49568.97	56085.47	0.883811	0.049499	0.243441	0.203332	148706.9
	200	34.07608	0.000354	48109.67	56085.47	0.857792	0.052606	0.243441	0.216092	144329
	200	39.12977	0.000415	47138.62	56085.47	0.840478	0.053273	0.243441	0.218833	141415.9
	200	48.81072	0.000541	45119.91	56085.47	0.804485	0.058385	0.243441	0.239832	135359.7
	200	58.3214	0.000674	43239.47	56085.47	0.770957	0.061387	0.243441	0.252163	129718.4
	200	68.09081	0.000816	41722.31	56085.47	0.743906	0.063839	0.243441	0.262237	125166.9
	200	83.00491	0.001058	39240.25	56085.47	0.699651	0.070316	0.243441	0.288843	117720.8
	200	96.55946	0.001324	36467.81	56085.47	0.650218	0.077889	0.243441	0.319951	109403.4
	200	110.8631	0.001639	33828.6	56085.47	0.603161	0.084635	0.243441	0.347663	101485.8
	200	124.4601	0.002029	30676.35	56085.47	0.546957	0.093544	0.243441	0.384259	92029.04
	200	138.4993	0.00252	27480.03	56085.47	0.489967	0.104298	0.243441	0.428432	82440.08
	200	155.4315	0.003634	21383.68	56085.47	0.381269	0.12795	0.243441	0.52559	64151.03
	200	168.6614	0.006718	12553.42	56085.47	0.223827	0.165958	0.243441	0.681718	37660.25
	200	177.6189	0.019507	4552.614	56085.47	0.081173	0.171956	0.243441	0.706354	13657.84

图 13.13　动三轴实验数据

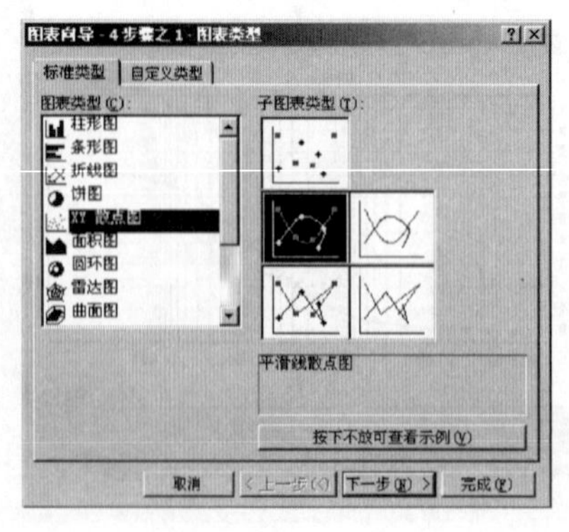

(a)

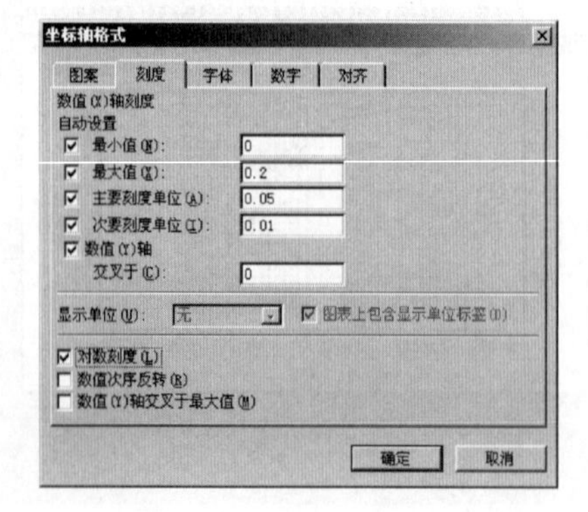

(b)

图 13.14（一）　Excel 处理示例

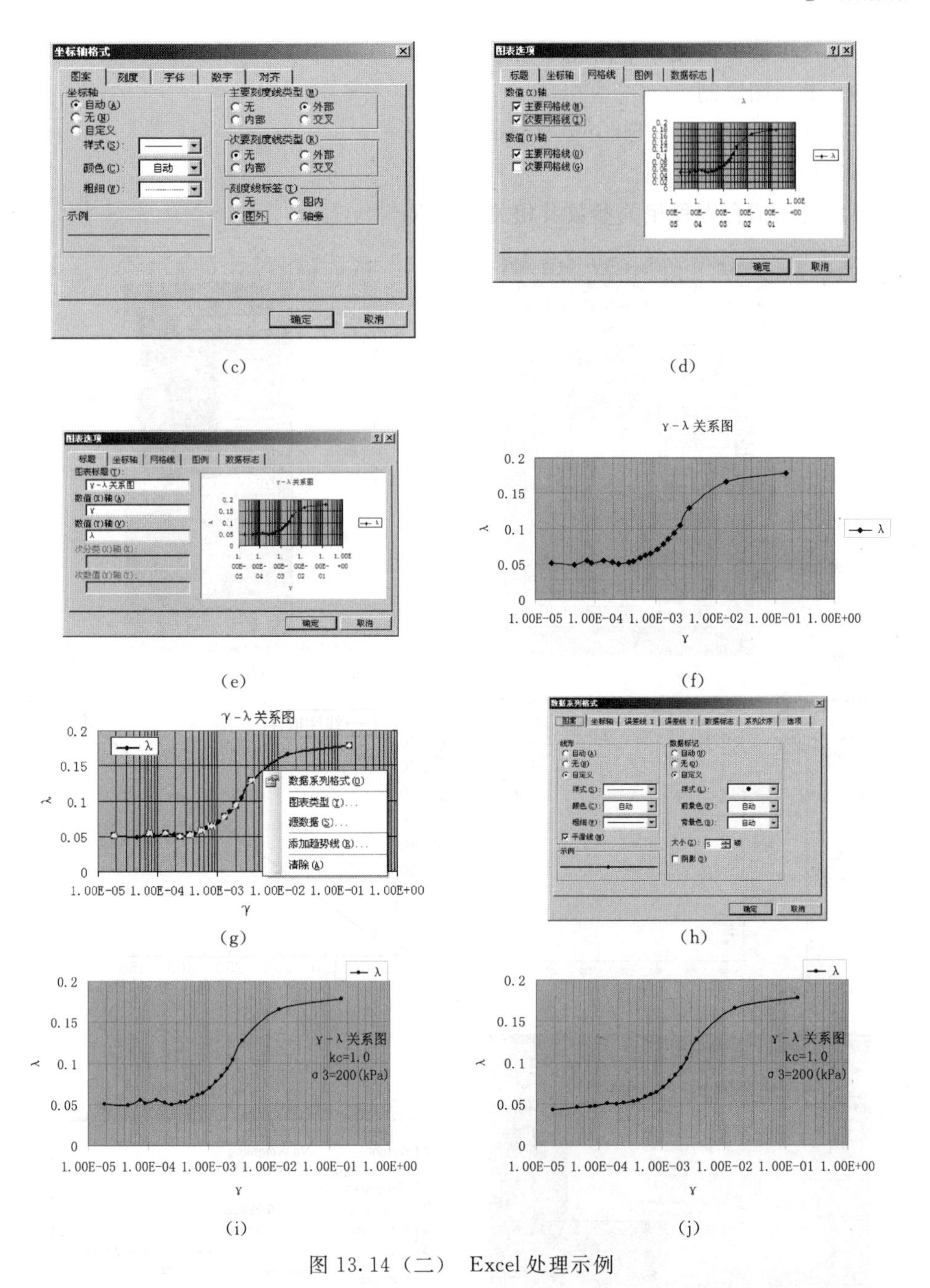

图 13.14（二）　Excel 处理示例

13.3　Origin 数据成图

Origin 是一款数据分析和制图软件，具备统计、峰值分析和曲线拟合等分析功能，可以绘制出二维和三维图形，支持 Excel 数据导入甚至 txt。

1. 直剪实验 Origin 成图

(1) 数据导入。将 Excel 文件中的数据复制、粘贴到 Origin 中对应的工作表中，数据较少时也可手动输入。同时在“Long Name”中输入 *X* 轴或 *Y* 轴名称，在“Units”中输入坐标轴名称的数值单位。

（2）选中数据区域，单击左下角散点图标。

（3）散点图绘制。

（4）选择 Analysis - Fitting - Liner fit。

（5）得到线性拟合图。

（6）得到拟合方程相关参数及相关系数 R。

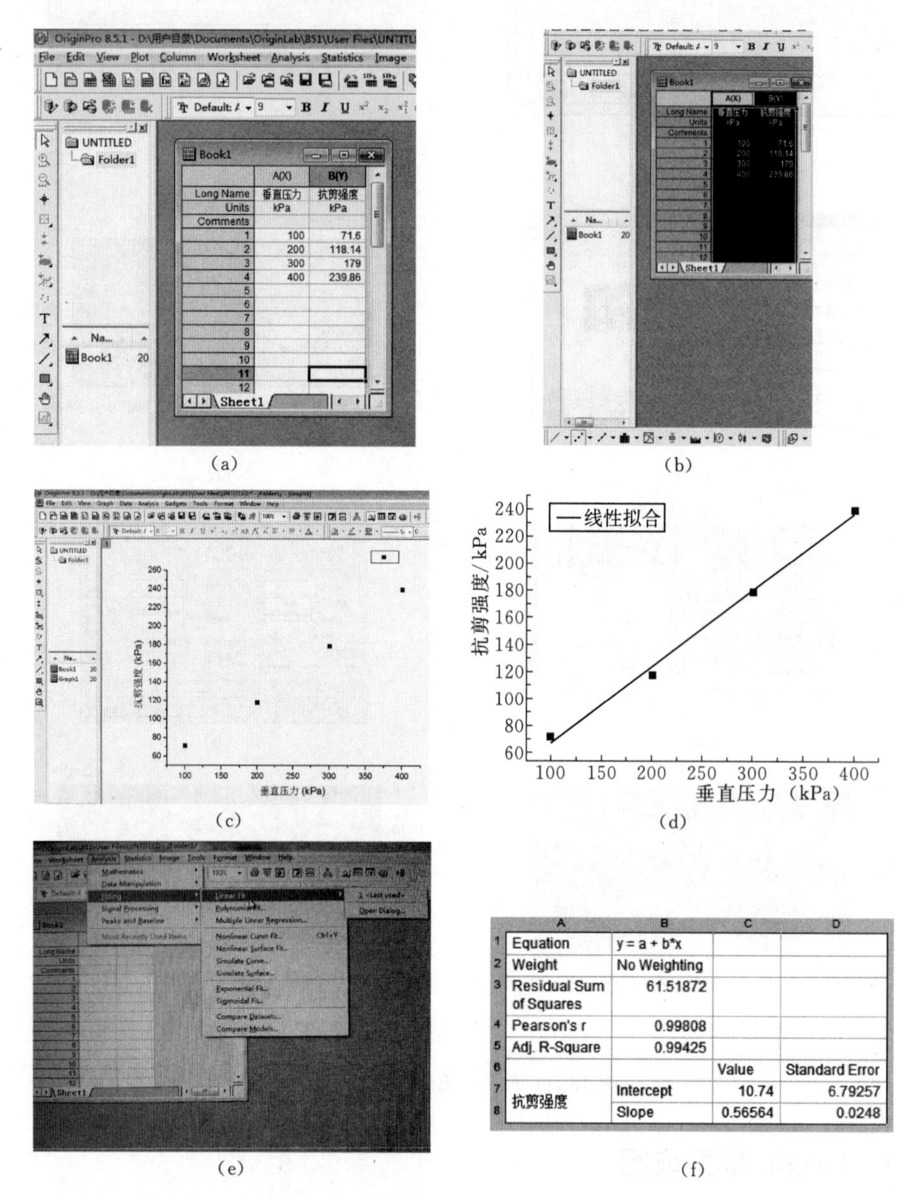

	A	B	C	D
1	Equation	y = a + b*x		
2	Weight	No Weighting		
3	Residual Sum of Squares	61.51872		
4	Pearson's r	0.99808		
5	Adj. R-Square	0.99425		
6			Value	Standard Error
7	抗剪强度	Intercept	10.74	6.79257
8		Slope	0.56564	0.0248

(f)

图 13.15　直剪实验 Origin 成图示例

2. 三轴实验 Origin 成图

（1）单击“Column”→“Add New Columns”菜单命令。

（2）右击单元格选择快捷菜单中的“Set As X”命令，将对应单元格设置为 X。

（3）将数据粘贴到对应单元格，同时在“Long Name”中输入 X 轴或 Y 轴名称，在“Units”中输入坐标轴名称的数值单位。

(4) 选中所有单元格，单击左下角图标按钮。

(5) 生成应变—应力图形。

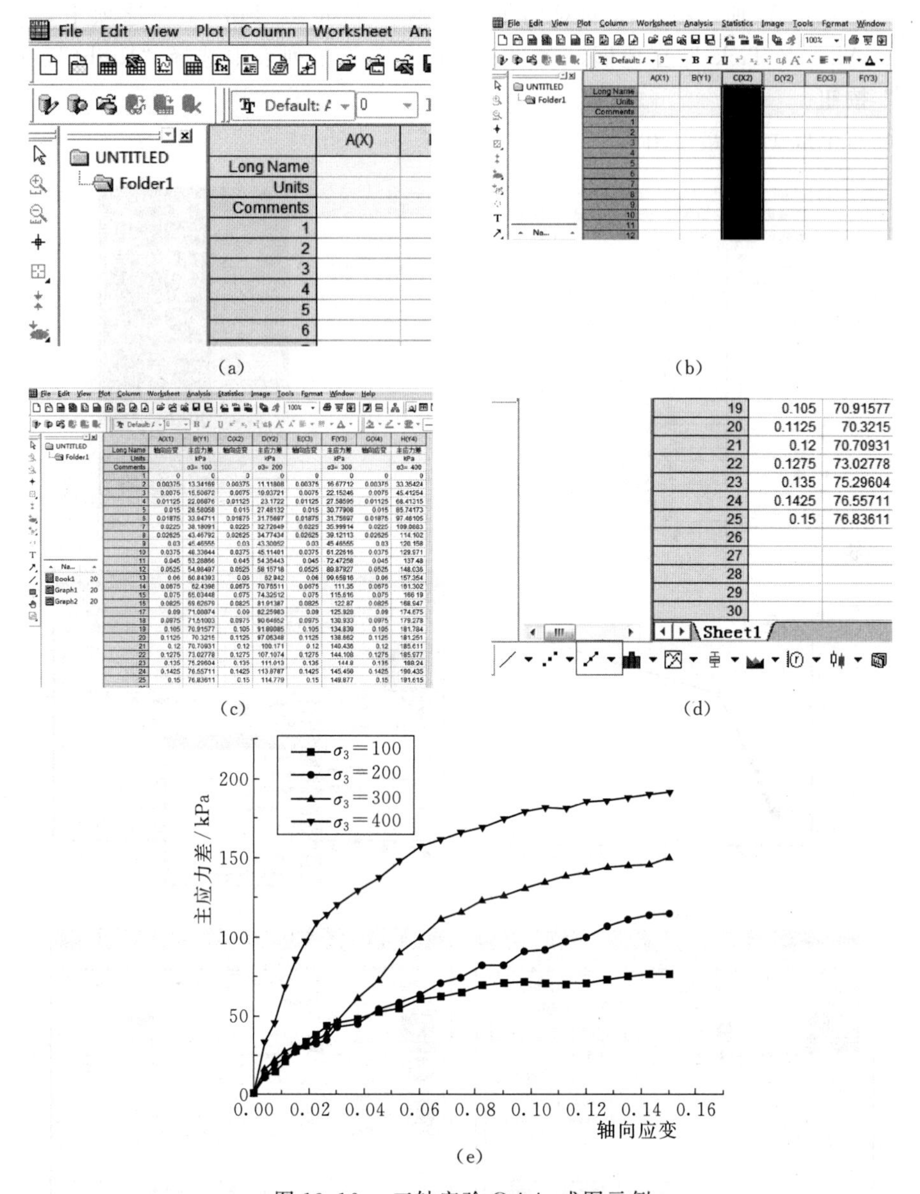

图 13.16　三轴实验 Origin 成图示例

3. 动三轴实验 Origin 成图

(1) 将数据粘贴进对应单元格，同时在“Long Name”中输入 X 轴或 Y 轴名称。

(2) 选中单元格，单击左下方点-线图标。

(3) 生成 $\lambda-\gamma$ 曲线。

(4) 双击 X 轴，在弹出的对话框中选择“Scale→Type”，选择对数刻度，修改 From 值。

(5) 在该对话框中选择“Grid Lines”选项卡，勾选“Major Grids”复选框和“Minor Grids”复选框，调整线型和线宽。

（6）选择“Title & Format”选项卡，勾选“Show Axis & Ticks”复选框，在“Selection”下拉列表中选择“Top”复选框，单击“OK”按钮。

（7）双击 Y 轴，在弹出的对话框中选择“Title & Format”选项卡，勾选“Show Axis & Ticks”复选框，在“Selection ”下拉列表中选择“Right”，单击“OK”按钮。

（8）生成 $\lambda-\gamma$ 最终图形。

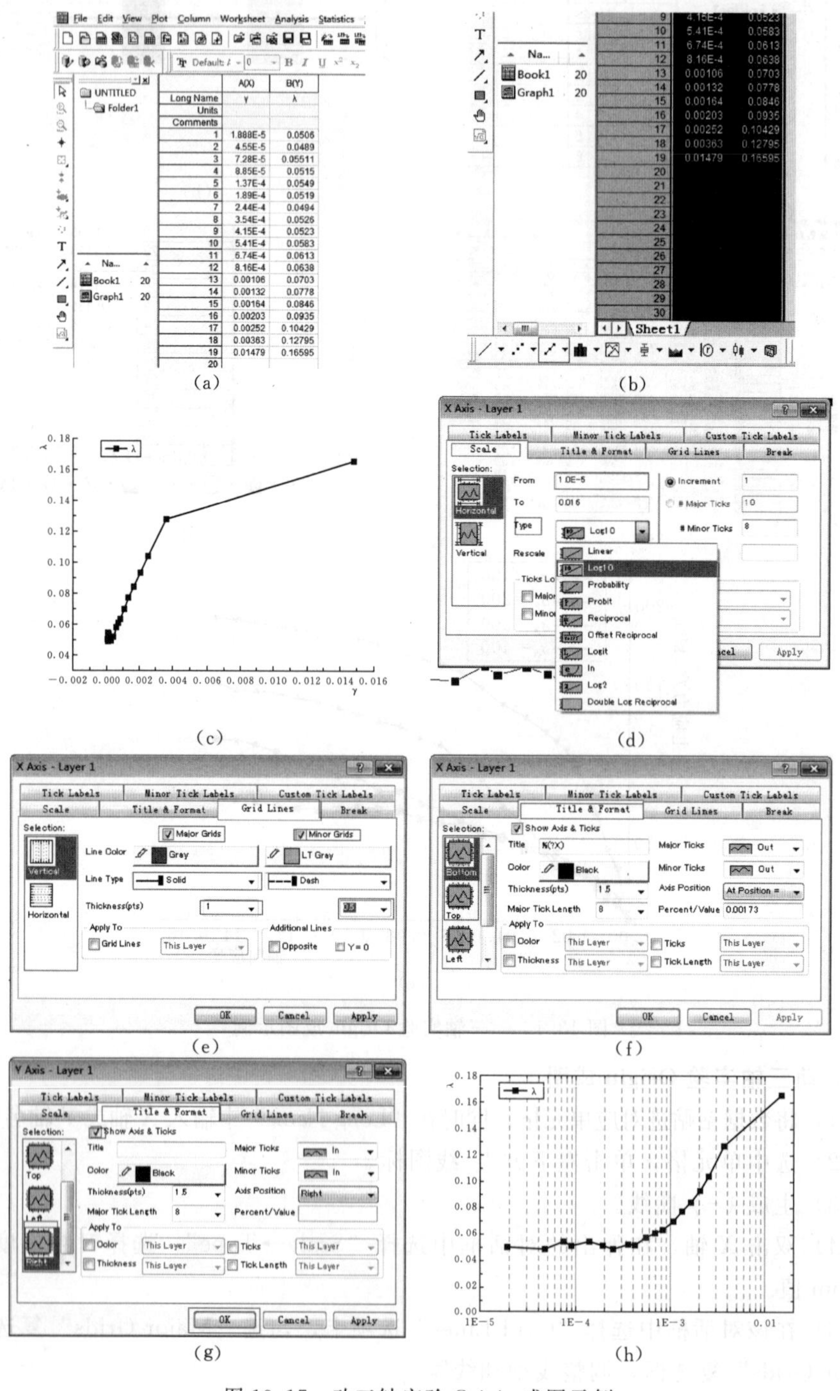

图 13.17　动三轴实验 Origin 成图示例

上述所讲的只是 Origin 的其中几种简单的作图方法，可以根据你的数据类型绘制不同的图形，如散点图、柱状图、波状图等。可以说 Origin 是数据分析非常重要的一个工具，熟练地掌握它就可以使工作学习效率大大提高。

参 考 文 献

[1] 中华人民共和国行业标准．土工试验方法标准：GB /T 50123—1999 [S]．北京：中国计划出版社，1999.

[2] 中华人民共和国行业标准．公路土工试验规程：JTG E40—2007 [S]．北京：人民交通出版社，2010.

[3] 中华人民共和国行业标准．土工试验规程：SL 237—1999 [S]．北京：中国水利水电出版社，1999.

[4] 中华人民共和国行业标准．铁路工程土工试验规程：TB 10102—2010 [S]．北京：中国铁道出版社，2010.

[5] 中华人民共和国国家标准．建筑地基基础设计规范：GB 50007—2011 [S]．北京：中国计划出版社，2011.

[6] 李广信，张丙印，于玉贞，等．土力学 [M]．2 版．北京：清华大学出版社，2013.

[7] 谢定义，陈存礼，胡再强．试验土工学 [M]．北京：高等教育出版社，2011.

[8] 阮波，张向京．土力学实验 [M]．长沙：中南大学出版社，2009.

[9] 沈扬，张文慧．岩土工程测试技术 [M]．新 1 版．北京：冶金工业出版社，2013.

[10] 南京水利科学研究院土工研究所．土工试验技术手册 [M]．北京：人民交通出版社，2003.

[11] 侯龙清，黎剑华．土力学试验 [M]．北京：中国水利水电出版社，2012.

[12] 王述红．土力学试验 [M]．沈阳：东北大学出版社，2010.

[13] 刘振京．土力学与地基基础 [M]．北京：中国水利水电出版社，2007.

[14] 王奎华．岩土工程勘察 [M]．北京：中国建筑工业出版社，2005.

[15] 谢定义．中国土动力学的发展现状与存在的问题 [J]．地震工程学报，2007，29 (1)：94 - 95.

[16] 谢定义．应用土动力学 [M]．北京：高等教育出版社，2013.

[17] 中华人民共和国国家标准．岩土工程勘察规范：GB 50021—2001 [S]．北京：中国建筑工业出版社，2001.

[18] 杨怀玉，孙树礼，任春山．铁路岩土工程检测技术 [M]．北京：中国铁道出版社，2011.

[19] 唐树名，罗斌，刘涌江．岩土锚固安全性无损检测技术 [J]．公路交通技术，2005 (5)：29 - 32.

[20] 罗志德，杜逢彬，侯亚彬，等．建设工程地基基础岩土试验检测的技术途径 [J]．地下空间与工程学报，2010，06 (z2)：1736 - 1740.

实验要求、目的及注意事项

一、实验前的准备工作

（1）预习实验指导书，明确本次实验的目的、方法和步骤及实验数据整理。

（2）掌握与实验有关土力学的基本原理。

（3）对实验中所用到的仪器、设备，实验前应事先了解有关仪器的使用说明。

（4）掌握实验需记录的数据项目及数据处理的方法，熟悉所在表格。

（5）除了解实验指导书中所规定的实验方案外，也可多设想一些其他方案。

二、遵守实验室的规章制度

（1）实验时应严肃认真，保持安静。

（2）爱护设备及仪器，并严格遵守操作规程，如发生故障应及时报告。

（3）非本实验所用的设备及仪器不得任意动用。

（4）实验完毕后应将设备和仪器擦拭干净，并恢复到原来正常状态。

三、认真做好实验

（1）注意听好教师对本次实验的讲解。

（2）清点实验所需设备、仪器及有关器材，如发现遗缺应及时向教师提出。

（3）实验时，应有严格的科学作风，认真、细致地按照实验指导书中所要求的实验方法与步骤进行。

（4）对于带电或贵重的设备及仪器，在接线或布置后应请教师检查，检查合格后才能开始实验。

（5）在实验过程中，应密切观察实验现象，随时进行分析，若发现异常现象，应及时报告。

（6）记录下全部测量数据，以及所用仪器的型号及精度、试件的尺寸、量具的量程等。

（7）在实验小组中虽有一定的分工，但每个学生都必须自己动手，完成所有的实验环节。

（8）实验结果需要教师审阅签字，若不符合要求应重做。

四、实验报告要求

实验报告是实验的总结，通过写实验报告，可以提高学生的分析能力，因此实验报告必须由每个学生独立完成，要求清楚、整洁，并要有分析及自己的观点。实验报告应具有下列基本内容。

（1）实验名称、实验日期、实验者及同组人员。

（2）实验目的。

（3）实验原理、方法及步骤简述。

（4）实验所用的设备和仪器的名称。

（5）实验数据及处理。

（6）完成实验指导书上的思考题。

实验一　含 水 率 实 验

组　　别＿＿＿＿＿＿＿＿＿＿　实验成绩＿＿＿＿＿＿＿＿＿＿

实验日期＿＿＿＿＿＿＿＿＿＿　报告日期＿＿＿＿＿＿＿＿＿＿

同组姓名＿＿＿＿＿＿＿＿＿＿＿＿＿＿＿＿＿＿＿＿＿＿＿＿

1．实验目的

2．实验原理

3．仪器设备

4. 操作步骤

5. 实验结果计算

表 1　　含水率实验记录（烘干法和酒精烧法）

工程名称＿＿＿＿＿＿＿＿　　实验者＿＿＿＿＿＿＿＿

工程编号＿＿＿＿＿＿＿＿　　计算者＿＿＿＿＿＿＿＿

实验日期＿＿＿＿＿＿＿＿　　校核者＿＿＿＿＿＿＿＿

试样编号	土样说明	盒号	盒质量/g	盒加湿土质量/g	盒加干土质量/g	湿土质量/g	干土质量/g	含水率/%	平均含水率/%	备注

6．实验小结（包括问题和解决方法、心得体会、思考题）

（1）实验小结。

（2）酒精烧法不适用于哪些土类？

（3）在含水量测定时如何选取具有代表性的试样？

实验二　密　度　实　验

组　　别________________　　实验成绩________________

实验日期________________　　报告日期________________

同组姓名____

1. 实验目的

2. 实验原理

3. 仪器设备

4. 操作步骤

5. 实验结果计算

表 1　　　　　　　　　　　　密度实验记录表（环刀法）

工程名称＿＿＿＿＿＿＿＿＿＿　　　　实验者＿＿＿＿＿＿＿＿＿＿

工程编号＿＿＿＿＿＿＿＿＿＿　　　　计算者＿＿＿＿＿＿＿＿＿＿

实验日期＿＿＿＿＿＿＿＿＿＿　　　　校核者＿＿＿＿＿＿＿＿＿＿

试样编号	土样类别	环刀号	环刀加湿土质量/g	环刀质量/g	湿土质量/g	环刀容积/cm^3	湿密度/(g/cm^3)	平均湿密度/(g/cm^3)	含水率/%	干密度/(g/cm^3)	平均干密度/(g/cm^3)

表 2　　　　　　　　　　　　密度实验记录表（蜡封法）

工程名称＿＿＿＿＿＿＿＿＿＿　　　　实验者＿＿＿＿＿＿＿＿＿＿

工程编号＿＿＿＿＿＿＿＿＿＿　　　　计算者＿＿＿＿＿＿＿＿＿＿

实验日期＿＿＿＿＿＿＿＿＿＿　　　　校核者＿＿＿＿＿＿＿＿＿＿

试样编号	土样类别	湿土质量/g	蜡加湿土质量/g	水温/℃	T℃水密度/(g/cm^3)	蜡的密度/(g/cm^3)	平均湿密度/(g/cm^3)	含水率/%	干密度/(g/cm^3)	平均干密度/(g/cm^3)

6．实验小结（包括问题和解决方法、心得体会、思考题）

（1）实验小结。

（2）环刀法适用于测定哪些土的密度？如果土样为难以切削并易破的土，应如何测定密度？

（3）测定密度时为什么要边压边削？

实验三　相对密度实验

组　　别________________　　实验成绩________________

实验日期________________　　报告日期________________

同组姓名____

1. 实验目的

2. 实验原理

3. 仪器设备

4. 操作步骤

5. 实验结果计算

表 1　　　　相对密度实验记录表（比重瓶法）

工程名称＿＿＿＿＿＿＿＿＿＿＿　　　　实验者＿＿＿＿＿＿＿＿＿＿＿

工程编号＿＿＿＿＿＿＿＿＿＿＿　　　　计算者＿＿＿＿＿＿＿＿＿＿＿

实验日期＿＿＿＿＿＿＿＿＿＿＿　　　　校核者＿＿＿＿＿＿＿＿＿＿＿

试样编号	比重瓶号	温度/℃	液体相对密度实测	比重瓶质量/g	干土质量/g	瓶加液体质量/g	瓶加液体加干土总质量/g	与干土同体积的液体质量/g	相对密度	平均值
		(1)	(2)	(3)	(4)	(5)	(6)	(7)=(4)+(5)-(6)	(8)=(4)/(7)×(2)	(9)

表 2　　　　相对密度实验记录表（浮称法）

工程名称＿＿＿＿＿＿＿＿＿＿＿　　　　实验者＿＿＿＿＿＿＿＿＿＿＿

工程编号＿＿＿＿＿＿＿＿＿＿＿　　　　计算者＿＿＿＿＿＿＿＿＿＿＿

实验日期＿＿＿＿＿＿＿＿＿＿＿　　　　校核者＿＿＿＿＿＿＿＿＿＿＿

试样编号	温度/℃	水的相对密度	烘干土质量/g	铁丝框加试样在水中质量/g	铁丝框在水中质量/g	试样在水中质量/g	相对密度	平均值
	(1)	(2)	(3)	(4)	(5)	(6)=(4)-(5)	$(7)=\frac{(3)\times(2)}{(3)-(6)}$	(8)

6. 实验小结（包括问题和解决方法、心得体会、思考题）

（1）实验小结。

（2）土中含盐量、有机质含量的高低对相对密度数值有何影响？

（3）实验过程中水中的空气没有完全排除对实验有何影响？

实验四　颗 粒 分 析 实 验

组　　别________________　　实验成绩________________
实验日期________________　　报告日期________________
同组姓名____

1. 实验目的

2. 实验原理

3. 仪器设备

4. 操作步骤

5. 实验结果计算

表 1　　颗粒大小分析实验记录（筛析法）

工程名称＿＿＿＿＿＿＿＿　　实验者＿＿＿＿＿＿＿＿

工程编号＿＿＿＿＿＿＿＿　　计算者＿＿＿＿＿＿＿＿

实验日期＿＿＿＿＿＿＿＿　　校核者＿＿＿＿＿＿＿＿

风干土质量＝　　g；　小于 0.075mm 的土占总土质量百分数＝　　%

2mm 筛上土质量＝　　g；　小于 2mm 的土占总土质量百分数 d_x＝　　%

2mm 筛下土质量＝　　g；　细筛分析时所取试样质量＝　　g

筛号	孔径/mm	累计留筛土质量/g	小于该孔径的土质量/g	小于该孔径的土质量百分数/%	小于该孔径的总土质量百分数/%
	20				
	10				
	5				
	2				
	1				
	0.5				
	0.25				
	0.075				
底盘总计					

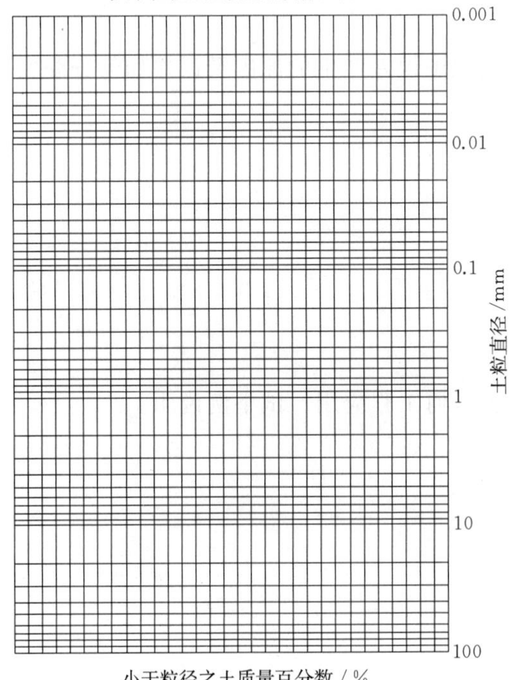

图 1　颗粒大小分布曲线

6. 实验小结（包括问题和解决方法、心得体会、思考题）

（1）实验小结。

（2）“粒组”与“粒度成分”两术语有什么区别？

（3）试分析实验过程中误差产生的原因及误差如何分配？

（4）颗粒分析实验有何工程应用？试举例说明。

实验五　液 塑 限 实 验

组　　别＿＿＿＿＿＿＿＿＿＿＿＿　实验成绩＿＿＿＿＿＿＿＿＿＿＿＿

实验日期＿＿＿＿＿＿＿＿＿＿＿＿　报告日期＿＿＿＿＿＿＿＿＿＿＿＿

同组姓名＿＿＿＿＿＿＿＿＿＿＿＿＿＿＿＿＿＿＿＿＿＿＿＿＿＿＿＿

1．实验目的

2．实验原理

3．仪器设备

4. 操作步骤

5. 实验结果计算

表 1　　圆锥仪液限实验记录表

工程名称________________　　实验者________________

工程编号________________　　计算者________________

实验日期________________　　校核者________________

试样编号	盒号	盒加湿土质量/g	盒加干土质量/g	盒质量/g	水质量/g	干土质量/g	液限/%	液限平均值/%	备注

表 2　　滚搓法塑限实验记录表

工程名称________________　　实验者________________

工程编号________________　　计算者________________

实验日期________________　　校核者________________

试样编号	盒号	盒加湿土质量/g	盒加干土质量/g	盒质量/g	水质量/g	干土质量/g	塑限/%	塑限平均值/%	备注

表 3　　液塑限联合测定法实验记录表

工程名称________________　　实验者________________

工程编号________________　　计算者________________

实验日期________________　　校核者________________

试样编号	圆锥下沉深度/mm	深度均值/mm	盒号	盒加湿土质量/g	盒加干土质量/g	盒质量/g	水质量/g	干土质量/g	含水率/%	液限/%	塑限/%	塑性指数	液性指数

图1　圆锥下沉深度与含水率直接关系曲线

6. 实验小结（包括问题和解决方法、心得体会、思考题）

（1）实验小结。

（2）塑限状态下及塑限含水量时的土有何特性？

（3）在搓条法中测定土的塑限时，有哪些现象可以说明土条的含水率达到了塑限？

（4）液塑限的测定对于工程实际有何作用？

实验六　砂的相对密度实验

组　　别＿＿＿＿＿＿＿＿＿＿　　实验成绩＿＿＿＿＿＿＿＿＿＿
实验日期＿＿＿＿＿＿＿＿＿＿　　报告日期＿＿＿＿＿＿＿＿＿＿
同组姓名＿＿＿＿＿＿＿＿＿＿＿＿＿＿＿＿＿＿＿＿＿＿＿＿＿

1. 实验目的

2. 实验原理

3. 仪器设备

4. 操作步骤

5. 实验结果计算

表 1　　　　　　　　　　　　**相对密度实验记录表**

工程名称______________________　　　　实验者______________________

工程编号______________________　　　　计算者______________________

实验日期______________________　　　　校核者______________________

<table>
<tr><td colspan="3">实验编号</td><td colspan="4"></td><td>检测环境</td><td>$P=$　　　%</td></tr>
<tr><td colspan="3">实验日期</td><td colspan="4"></td><td>检测环境</td><td>$T=$　　　℃</td></tr>
<tr><td colspan="2">实验仪器编号</td><td colspan="7"></td></tr>
<tr><td colspan="3">实验项目</td><td colspan="4">最小干密度</td><td colspan="2">最大干密度</td></tr>
<tr><td colspan="3">实验方法</td><td colspan="2">漏斗法</td><td colspan="2">量筒法</td><td colspan="2">锤击法</td></tr>
<tr><td colspan="2">试样加容器质量/g</td><td>(1)</td><td></td><td></td><td></td><td></td><td></td><td></td></tr>
<tr><td colspan="2">容器质量/g</td><td>(2)</td><td></td><td></td><td></td><td></td><td></td><td></td></tr>
<tr><td colspan="2">试样质量/g</td><td>(3)=(1)-(2)</td><td></td><td></td><td></td><td></td><td></td><td></td></tr>
<tr><td colspan="2">试样体积/cm^3</td><td>(4)</td><td></td><td></td><td></td><td></td><td></td><td></td></tr>
<tr><td colspan="2">土粒相对密度 G_s</td><td>(6)</td><td></td><td></td><td></td><td></td><td></td><td></td></tr>
<tr><td rowspan="2">最小、最大干密度/(g/cm^3)</td><td>单　值</td><td>(5)=(3)/(4)</td><td></td><td></td><td></td><td></td><td></td><td></td></tr>
<tr><td colspan="2">平均值</td><td colspan="2"></td><td colspan="2"></td><td colspan="2"></td></tr>
<tr><td rowspan="2">最大孔隙比 e_{max}</td><td colspan="2">$e_{max}=\frac{\rho_w G_s}{\rho_{dmin}}-1$</td><td rowspan="2">最小孔隙比 e_{min}</td><td colspan="2">$e_{min}=\frac{\rho_w G_s}{\rho_{dmax}}-1$</td><td rowspan="2">相对密度 D_r</td><td colspan="2">$D_r=\frac{(\rho_d-\rho_{dmin})\rho_{dmax}}{\rho_d(\rho_{dmax}-\rho_{dmin})}$</td></tr>
<tr><td colspan="2"></td><td colspan="2"></td><td colspan="2"></td></tr>
</table>

6．实验小结（包括问题和解决方法、心得体会、思考题）

（1）实验小结。

（2）相对密度大小对地震液化有何影响？

实验七　击　实　实　验

组　　别＿＿＿＿＿＿＿＿＿＿　　实验成绩＿＿＿＿＿＿＿＿＿＿

实验日期＿＿＿＿＿＿＿＿＿＿　　报告日期＿＿＿＿＿＿＿＿＿＿

同组姓名＿＿＿＿＿＿＿＿＿＿＿＿＿＿＿＿＿＿＿＿＿＿＿＿

1. 实验目的

2. 实验原理

3. 仪器设备

4. 操作步骤

5. 实验结果计算及绘图

表 1　　　　　　　　击 实 实 验 记 录

工程编号________________　土粒相对密度________________　实验者________________

土样编号________________　每层击数________________　计算者________________

仪器编号________________　风干含水率________________　校核者________________

土样类别________________　实验日期________________

<table>
<tr><td rowspan="3">试验序号</td><td colspan="5">干 密 度</td><td colspan="7">含 水 率</td></tr>
<tr><td>筒加土重量/g</td><td>筒质量/g</td><td>湿土质量/g</td><td>密度/(g/cm³)</td><td>干密度/(g/cm³)</td><td rowspan="2">盒号</td><td>盒加湿土质量/g</td><td>盒加干土质量/g</td><td>盒质量/g</td><td>湿土质量/g</td><td>干土质量/g</td><td>含水率/%</td></tr>
<tr><td>(1)</td><td>(2)</td><td>(3)</td><td>(4)</td><td>(5)</td><td>(6)</td><td>(7)</td><td>(8)</td><td>(9)</td><td>(10)</td><td>(11)</td></tr>
<tr><td></td><td></td><td></td><td></td><td></td><td></td><td></td><td></td><td></td><td></td><td></td><td></td><td></td></tr>
<tr><td></td><td></td><td></td><td></td><td></td><td></td><td></td><td></td><td></td><td></td><td></td><td></td><td></td></tr>
<tr><td></td><td></td><td></td><td></td><td></td><td></td><td></td><td></td><td></td><td></td><td></td><td></td><td></td></tr>
<tr><td></td><td></td><td></td><td></td><td></td><td></td><td></td><td></td><td></td><td></td><td></td><td></td><td></td></tr>
<tr><td></td><td></td><td></td><td></td><td></td><td></td><td></td><td></td><td></td><td></td><td></td><td></td><td></td></tr>
<tr><td colspan="6">最大干密度：　　　　g/cm³</td><td colspan="7">最优含水率：　　　　%</td></tr>
<tr><td colspan="6">大于 5mm 颗粒含量：　　　　%</td><td colspan="4">校正后最大干密度：　　　　g/cm³</td><td colspan="3">校正后最优含水率：　　%</td></tr>
</table>

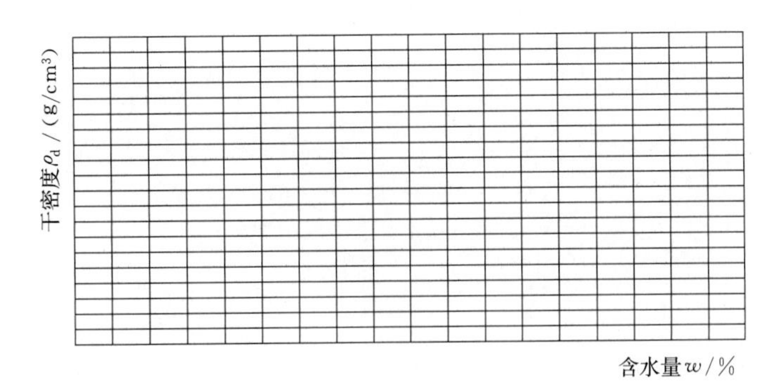

图 1　击实曲线

6．实验小结（包括问题和解决方法、心得体会、思考题）

（1）实验小结。

（2）击实实验有何用途？实验室实验工作怎样与工地施工联系起来？

实验八　土的渗透实验

组　　别＿＿＿＿＿＿＿＿＿＿　　实验成绩＿＿＿＿＿＿＿＿＿＿

实验日期＿＿＿＿＿＿＿＿＿＿　　报告日期＿＿＿＿＿＿＿＿＿＿

同组姓名＿＿＿＿＿＿＿＿＿＿＿＿＿＿＿＿＿＿＿＿＿＿＿＿

1. 实验目的

2. 实验原理

3. 仪器设备

4. 操作步骤

5. 实验结果计算及绘图

表 1

常水头渗透实验记录

工程名称______ 土样说明______ 试样面积______ 实验者______

土样编号______ 测压管断面积______ 孔隙比______ 计算者______

仪器编号______ 试样高度______ 实验日期______ 校核者______

实验次数	经过时间 t/s	测压管水位/cm			水位差/cm			水力坡降 J	渗透水量 Q/cm^3	渗透系数 k_T/(cm/s)	平均水温 /℃	校正系数 η_T/η_{20}	水温 20℃渗透系数 k_{20}/(cm/s)	平均渗透系数 k_{20}/(cm/s)
		Ⅰ管	Ⅱ管	Ⅲ管	H_1	H_2	平均 H							
	(1)	(2)	(3)	(4)	(5)	(6)	(7)	(8)	(9)	(10)	(11)	(12)	(13)	(14)
					(2)−(3)	(3)−(4)	$\frac{(5)+(6)}{2}$	0.1×(7)		$\frac{(9)}{A\times(8)\times(1)}$			(10)×(12)	$\frac{\sum(13)}{n}$

表 2

变水头渗透实验记录表

土样编号______ 试样高度______ 实验者______

仪器编号______ 试样面积______ 校核者______

测压管断面积______ 孔隙比______ 实验日期______

开始时间 t_1/s	终了时间 t_2/s	经过时间 t/s	开始水头 h_1/cm	终了水头 h_2/cm	$2.3aL/At$	$\lg(h_1/h_2)$	水温 T℃时的渗透系数 k_T/(cm/s)	水温 /℃	校正系数 η_T/η_{20}	渗透系数 k_{20} /(cm/s)	平均渗透系数 k_{20}/(cm/s)

6. 实验小结（包括问题和解决方法、心得体会、思考题）

（1）实验小结。

（2）影响土的渗透因素有哪些？

（3）变水头与常水头渗透实验适用土类是什么？

（4）变水头实验过程中为什么要饱和与密闭渗透仪？

实验九　压　缩　实　验

组　　别________________　　实验成绩________________

实验日期________________　　报告日期________________

同组姓名________________________________

1. 实验目的

2. 实验原理

3. 仪器设备

4. 操作步骤

5. 实验结果计算及绘图

表 1　　含水率计算表

实验日期	盒身编号	盒盖编号	铝盒重量 g_0/g	铝盒加湿土的重量 g_1/g	铝盒加干土的重量 g_2/g	含水重量 g_1-g_2/g	含水率 w/% $(g_1-g_0)/(g_2-g_0)$	含水率 w/% 平均值

表 2　　密度计算表

实验编号	环刀加湿土的重量	环刀本身的重量	环刀体积/cm^3	湿密度	备注
1					
2					
平均值					

表 3　　压缩过程记录表

土样编号________　　试验日期________

压缩容器号________　　试 验 者________

校 核 者________

荷载时间/min	各级荷重作用下测微表读数/mm				
	50kPa	100kPa	200kPa	300kPa	400kPa
0					
0.25					
1					
2.25					
4					
6.25					
9					
12.25					
16					
20.25					
25					
30.25					
36					
42.25					
60					
23h					
24h					
总变形量/mm					

表 4　　　　　　　　　　　　　　　　**压缩实验计算**

试样原始高度 h_0 　　mm 试样土粒骨架高 $h_s=\dfrac{h_0}{1+e_0}=$ 　　mm	实验前土样孔隙比 $e_0=$				
荷重级别/kPa	50	100	200	300	400
总变形量/mm					
仪器变形量/mm					
试样总变形 $\sum\Delta h$/mm					
压缩后试样高度 $h_i=h_0-\sum\Delta h$/mm					
压缩后试样孔隙比 $\left(e_i=\dfrac{h_i}{h_s}-1\right)$					
压缩系数 /MPa^{-1} $\left(a_{vi}=\dfrac{e_i-e_{i+1}}{p_{i+1}-p_i}\times10^3\right)$					
压缩模量/MPa $E_{vi}=\dfrac{1+e_0}{a_{vi}}$					

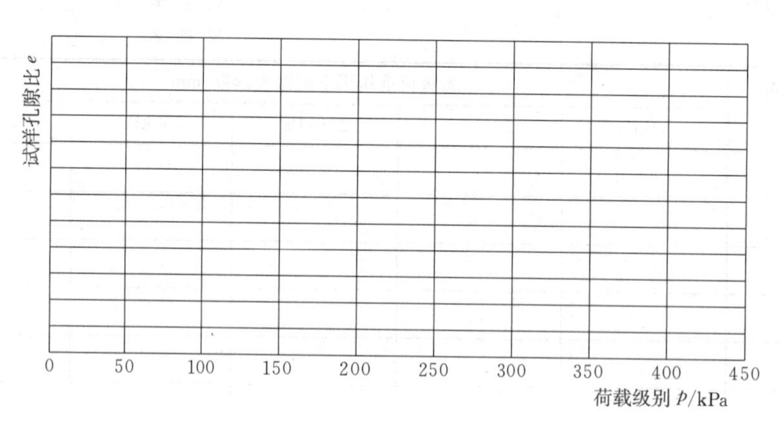

图 1　土样 $e-p$ 曲线

注：纵坐标孔隙比根据实验结果标注。

6. 实验小结（包括问题和解决方法、心得体会、思考题）

（1）实验小结。

（2）快速压缩法的依据是什么？在什么条件下可以使用？

（3）试述土的各压缩性指标的意义和确定方法。

（4）试述压缩系数的物理意义及在工程中的应用。

实验十　地基土静力载荷实验

组　　别＿＿＿＿＿＿＿＿　　实验成绩＿＿＿＿＿＿＿＿

实验日期＿＿＿＿＿＿＿＿　　报告日期＿＿＿＿＿＿＿＿

同组姓名＿＿＿＿＿＿＿＿＿＿＿＿＿＿＿＿

1. 实验目的

2. 实验原理

3. 仪器设备

4. 操作步骤

5. 实验结果计算及绘图

工程名称______________ 实验者______________
工程编号______________ 计算者______________
实验日期______________ 校核者______________

工程名称：				试点编号：	
压板面积： cm²				测试日期：	
	荷载 /kPa	本级沉降 /mm	累计沉降 /mm	本级时间 /min	累计时间 /min
加载	100				
	200				
	200				
	300				
	400				
	500				
	600				
	700				
	800				
	900				
	1000				
卸载	800				
	600				
	400				
	200				
	0				

实验点号				平均值
承载力特征值 f_{ak}/kPa				
沉降量 /mm				
变形模量 E_0/MPa				
备注	承压板直径：$d=$ mm； 泊松比：$\mu=$ ； 变形模量：$E_0= I_0(1-\mu^2)pd/S$； 式中 I_0—刚形承压板的形状系数，圆形板取 0.785； p—p-S 曲线线性段的压力，kPa； S—p 对应的沉降，mm； d—承压板直径，m			

根据表绘制 $p-S$ 曲线如下。

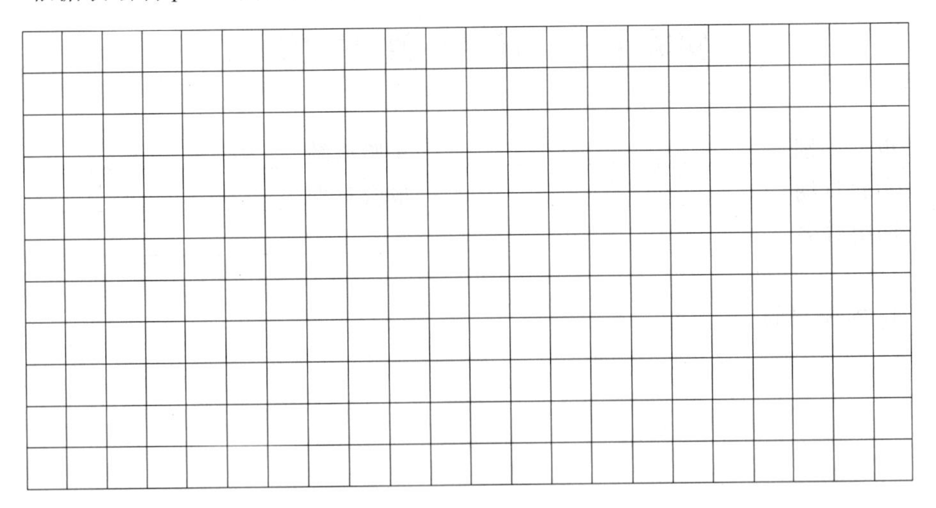

6. 实验小结（包括问题和解决方法、心得体会、思考题）

（1）实验小结。

（2）现场载荷实验结果的影响因素主要有哪些？

（3）现场载荷实验与室内压缩实验的区别与联系是什么？

实验十一　直接剪切实验

组　　别＿＿＿＿＿＿＿＿　　实验成绩＿＿＿＿＿＿＿＿

实验日期＿＿＿＿＿＿＿＿　　报告日期＿＿＿＿＿＿＿＿

同组姓名＿＿＿＿＿＿＿＿＿＿＿＿＿＿＿＿＿＿＿＿

1. 实验目的

2. 实验原理

3. 仪器设备

4. 操作步骤

5. 实验结果计算及绘图

表1 **直接剪切过程记录表**

工程名称________________ 实验者________________

工程编号________________ 计算者________________

实验日期________________ 校核者________________

试样编号		抗剪强度		kPa			
垂直压力 σ				kPa			
仪器编号		量力环系数 K kPa/0.01mm					
下盒位移 /0.01mm	量力环变形 /0.01mm	剪切变形 ΔL/0.01mm	剪应力 /kPa	下盒位移 /0.01mm	量力环变形 /0.01mm	剪切变形 ΔL/0.01mm	剪应力 /kPa
(1)	(2)	(3)	(4)	(1)	(2)	(3)	(4)
		(1)－(2)	(2)×K			(1)－(2)	(2)×K
0				320			
20				340			
40				360			
60				380			
80				400			
100				420			
120				440			
140				460			
160				480			
180				500			
200				520			
220				540			
240				560			
260				580			
280				600			
300							

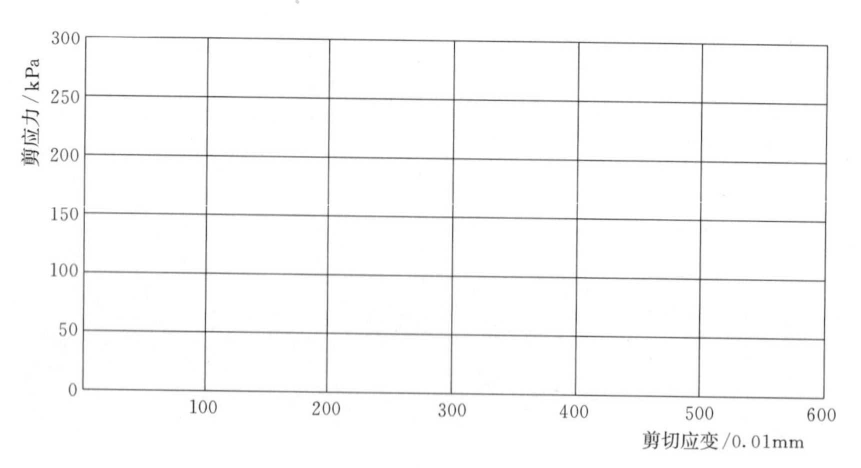

图1 剪应力—剪切应变关系曲线

表 2　　　　直接剪切实验结果表

仪器编号				
试样编号				
垂直压力 p/kPa	100	200	300	400
量力环变形 R/0.01mm				
量力环编号				
量力环系数 C/kPa/0.01mm				
抗剪强度 $\tau=CR$/kPa				
抗剪强度指标	$C=$　　　kPa，　$\varphi=$　　°			

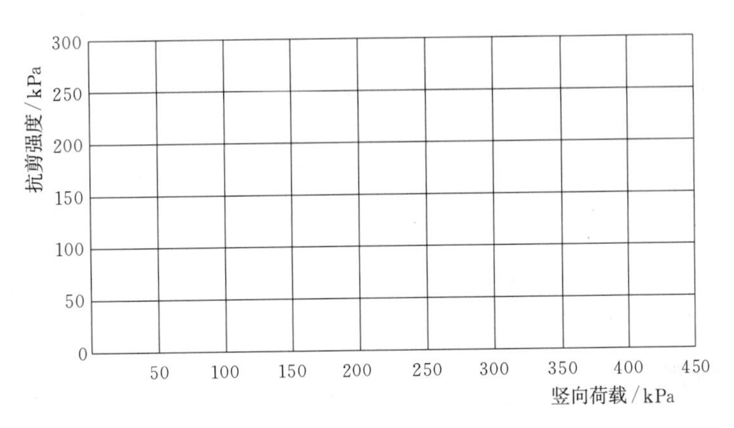

图 2　抗剪强度—竖向荷载关系曲线

6. 实验小结（包括问题和解决方法、心得体会、思考题）

（1）实验小结。

（2）剪切速率对土体抗剪强度有何影响？

实验十二　三轴压缩实验

组　　别＿＿＿＿＿＿＿＿＿＿＿　　实验成绩＿＿＿＿＿＿＿＿＿＿＿

实验日期＿＿＿＿＿＿＿＿＿＿＿　　报告日期＿＿＿＿＿＿＿＿＿＿＿

同组姓名＿＿＿＿＿＿＿＿＿＿＿＿＿＿＿＿＿＿＿＿＿＿＿＿＿＿＿

1．实验目的

2．实验原理

3．仪器设备

4. 操作步骤

5. 实验结果计算及绘图

表 1　　高度、面积、体积计算表

项目	起始	固结后		剪切时校正值
		按实测固结下沉	等应变简化式	
试样高度 /cm	h_0	$H_c=h_0-\Delta h_c$	$h_c=h_c\times\left(1-\dfrac{\Delta V}{V_0}\right)^{1/3}$	
试样面积 /cm^2	A_0	$A_c=\dfrac{V_0-\Delta V}{h_c}$	$A_c=A_0\times\left(1-\dfrac{\Delta V}{V_0}\right)^{2/3}$	$A_a=\dfrac{A_0}{1-0.01\varepsilon_1}$ （不固结不排水剪） $A_a=\dfrac{A_c}{1-0.01\varepsilon_1}$ （固结不排水剪） $A_a=\dfrac{V_c-\Delta V_i}{h_c-\Delta h_i}$ （固结排水剪）
试样体积 /cm^3	V_0	$V_c=h_cA_c$		
备注	式中　Δh_c—固结下沉量，由轴向位多计测得，cm； ΔV—固结排水量（实测或实验前后试样质量差换算），cm^3； ΔV_i—排水剪中剪切时的试样体积变化，按体变管或排水管读数求得，cm^3； ε_1—轴向应变，%（不固结不排水剪中的 $\varepsilon_1=\dfrac{\Delta h_i}{h_c}$ ）			

表 2　　静三轴实验过程记录

工程名称（编号）		实验者	
实验日期		校核者	
周围压力 σ_{3c}/kPa		土样说明：饱和/非饱和	
固结前体变管读数/cm^3		固结后体变管读数/cm^3	
固结前排水管读数/cm^3		固结后排水管读数/cm^3	
仪器编号		量力环校正系数	
实验方法：UU/CU/CD		试样编号	

轴向变形 /0.01mm	量力环变形 /0.01mm	孔隙水压力/100kPa；体变管读数/0.01mm	轴向变形 /0.01mm	量力环变形 /0.01mm	孔隙水压力/100kPa；体变管读数/0.01mm
0			430		
20			460		
40			500		
60			530		
80			560		
100			600		
120			650		
140			700		
160			750		
180			800		
200			850		
220			900		
240			950		
260			1000		
280			1050		
300			1100		
330			1150		
360			1200		
400			1250		

表 3 三轴压缩实验状态记录表

工程名称＿＿＿＿＿＿＿＿　　实 验 者＿＿＿＿＿＿＿＿

工程编号＿＿＿＿＿＿＿＿　　计 算 者＿＿＿＿＿＿＿＿

实验日期＿＿＿＿＿＿＿＿　　校 核 者＿＿＿＿＿＿＿＿

实验方法＿＿＿＿＿＿＿＿　　实验日期＿＿＿＿＿＿＿＿

试 样 状 态			
	起始值	固结后	剪切后
直径 D/cm			
高度 h/cm			
面积 A/cm^2			
体积 V/cm^3			
质量 m/g			
密度 $\rho/(g/cm^3)$			
干密度 $\rho_d/(g/cm^3)$			
试 样 含 水 率			
起始值			剪切后
盒号			
盒质量/g			
盒加湿土质量/g			
湿土质量/g			
盒加干土质量/g			
干土质量/g			
水质量/g			
含水率 w/%			
饱和度 S_r			

周围压力 σ_3/kPa	
反压力 u_0/kPa	
周围压力下的孔隙压力 u/kPa	
孔隙压力系数 $B=\dfrac{u}{\sigma_3}$	
破坏应变 ε_f/%	
破坏大主应力 $(\sigma_1-\sigma_3)_f$/kPa	
破坏大主应力 σ_{1f}/kPa	
破坏孔隙压力系数 $\overline{B_f}=\dfrac{u_f}{\sigma_{1f}}$	
相应的有效大主应力 σ'_1/kPa	
相应的有效大主应力 σ'_3/kPa	
最大有效主应力比 $\left(\dfrac{\sigma'_1}{\sigma'_3}\right)_{max}$	
孔隙压力系数 $A_f=\dfrac{u_{df}}{B(\sigma_1-\sigma_3)_f}$	

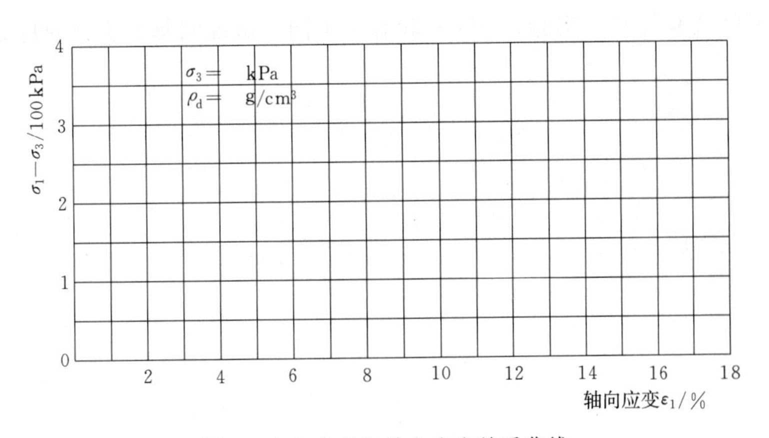

图 1　主应力差与轴向应变关系曲线

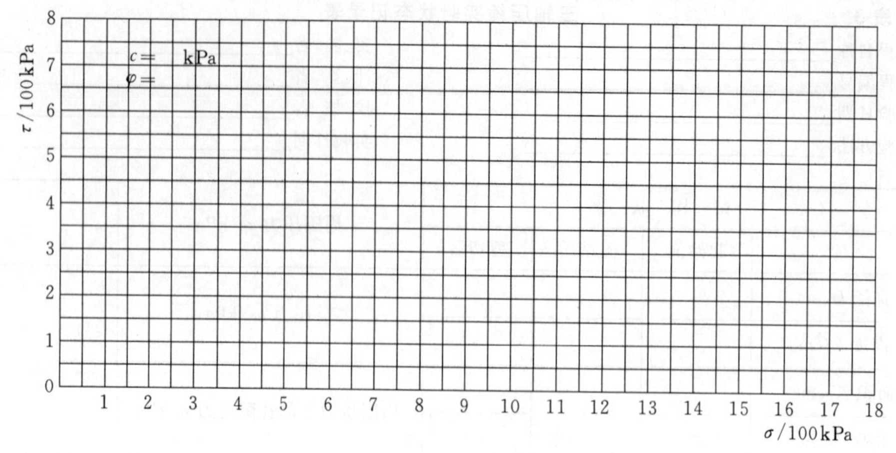

图 2　抗剪强度包络线

6. 实验小结（包括问题和解决方法、心得体会、思考题）

（1）实验小结。

（2）CD 实验与 CU 实验、UU 实验有何不同？试说明每个实验的特点。

（3）在剪切过程中，加载速率会对实验结果有何影响？

（4）试述正常固结黏性土和超固结黏性土的总应力强度包线与有效应力强度包线的关系。

实验十三　动 三 轴 实 验

组　　别________________　　实验成绩________________
实验日期________________　　报告日期________________
同组姓名____

1. 实验目的

2. 实验原理

3. 仪器设备

4. 操作步骤

5. 实验结果计算及绘图

表 1　　动三轴实验记录表（动强度与液化实验）

样　号		1	2	3	4	5	6
固结前	直径 d/mm						
	高度 h/mm						
	体积 V/cm^3						
固结后	直径 d/mm						
	高度 h_c/mm						
	面积 A_c/cm^2						
	体积 V_c/cm^3						
固结条件	固结应力比 K_c						
	轴向固结应力 σ_{1c}/kPa						
	侧向固结应力 σ_{3c}/kPa						
	固结排水量 ΔV/mL						
	固结变形量 Δh/mm						
实验及破坏条件	振动频率/Hz						
	动应力/kPa						
	均压时应变破坏标准/%						
	破坏振次/次						
	均压时孔压破坏标准						
	孔压标准破坏振次/次						

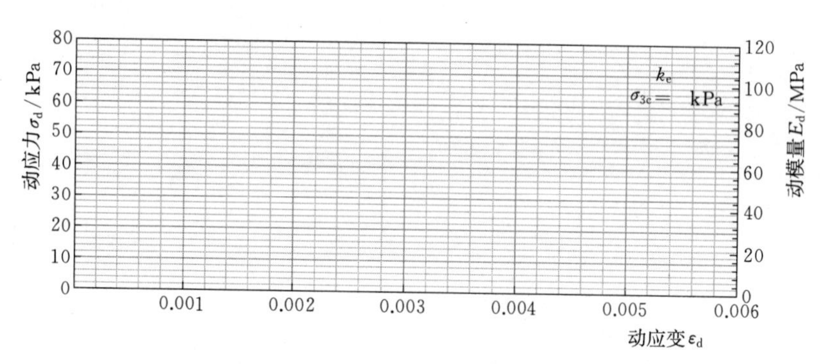

图 1　土样的 $\sigma_d-\varepsilon_d$、$E_d-\varepsilon_d$ 关系曲线

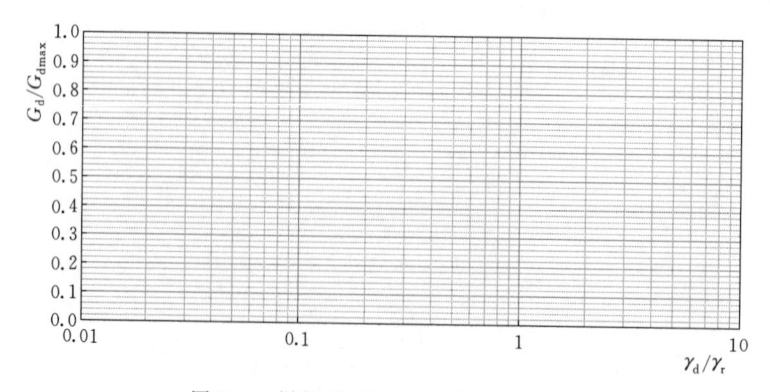

图 2　土样的 $G_d/G_{dmax}-\gamma_d/\gamma_r$ 关系曲线

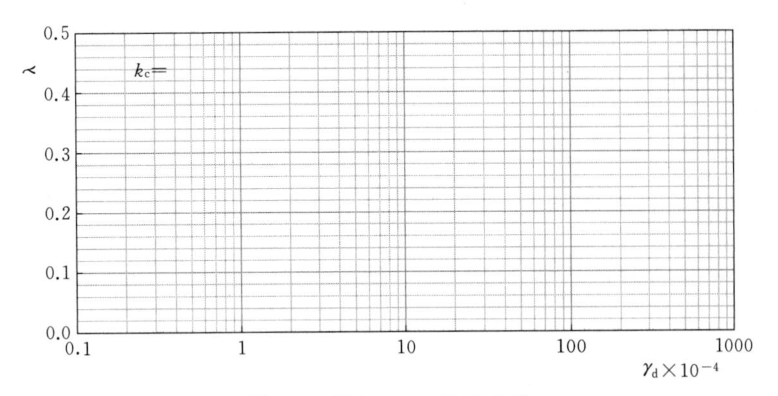

图 3　土样的 $\lambda-\gamma_d$ 关系曲线

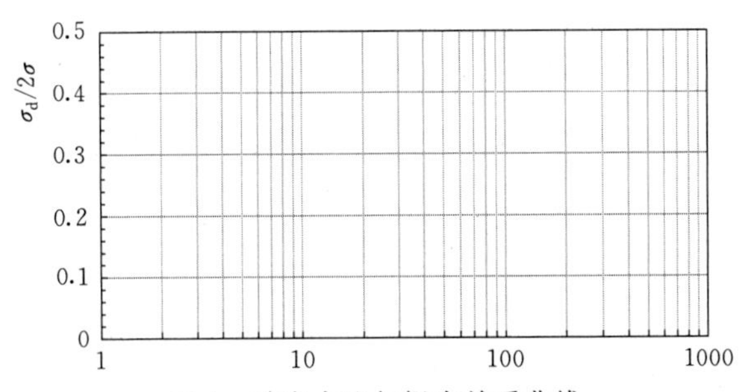

图 4　动应力比与振次关系曲线

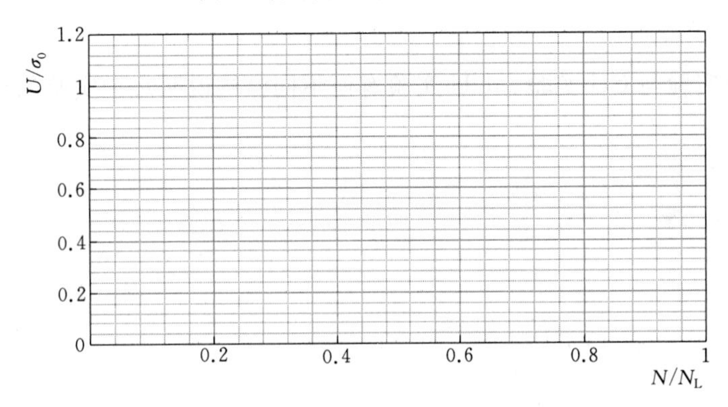

图 5　孔隙水压力比和液化振动次数的关系曲线

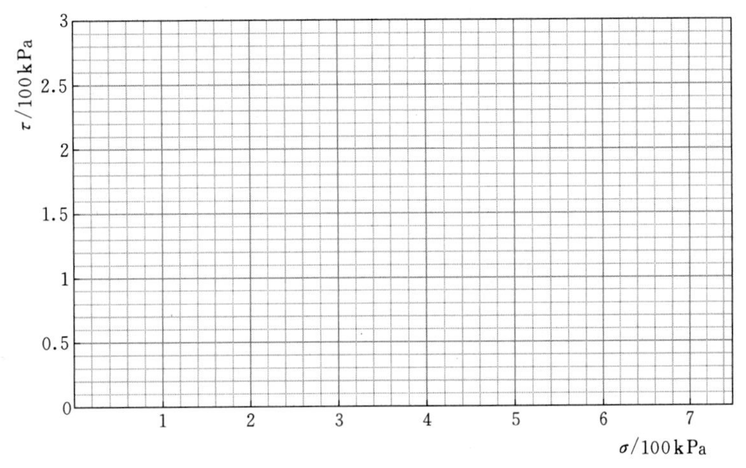

图 6　绘制土样的动抗剪强度曲线

6. 实验小结（包括问题和解决方法、心得体会、思考题）

（1）实验小结。

（2）CD 实验与 CU 实验、UU 实验有何不同？试说明每个实验的特点。

开 放 性 实 验 一

组　　别＿＿＿＿＿＿＿＿＿＿＿＿＿　实验成绩＿＿＿＿＿＿＿＿＿＿＿＿＿

实验日期＿＿＿＿＿＿＿＿＿＿＿＿＿　报告日期＿＿＿＿＿＿＿＿＿＿＿＿＿

同组姓名＿＿＿＿＿＿＿＿＿＿＿＿＿＿＿＿＿＿＿＿＿＿＿＿＿＿＿＿＿＿

1. 实验目的

2. 实验原理

3. 仪器设备

4. 操作步骤

注：开放性实验根据教学实际情况安排

5. 实验结果计算及绘图

6. 实验小结（包括问题和解决方法、心得体会、思考题）

开放性实验二

组　　别______________ 实验成绩______________

实验日期______________ 报告日期______________

同组姓名______________________________

1. 实验目的

2. 实验原理

3. 仪器设备

4. 操作步骤

5. 实验结果计算及绘图

6. 实验小结（包括问题和解决方法、心得体会、思考题）

开 放 性 实 验 三

组　　别________________　　实验成绩________________

实验日期________________　　报告日期________________

同组姓名____

1. 实验目的

2. 实验原理

3. 仪器设备

4. 操作步骤

5. 实验结果计算及绘图

6. 实验小结（包括问题和解决方法、心得体会、思考题）